常见蝴蝶
野外识别手册
（第2版）

主编 黄灏 张巍巍

重庆大学出版社

图书在版编目（CIP）数据

常见蝴蝶野外识别手册/黄灏，张巍巍主编.—2版.

重庆：重庆大学出版社，2009.6（2023.2重印）

（好奇心书系）

ISBN 978-7-5624-4929-4

Ⅰ.常… Ⅱ.①黄…②张… Ⅲ.蝶—识别—手册 Ⅳ.

Q969.42-62

中国版本图书馆CIP数据核字（2009）第102099号

常见蝴蝶野外识别手册
（第2版）

主编：黄 灏 张巍巍

策划： 鹿角文化工作室

书系主编：李元胜

编著者：黄 灏 张巍巍

摄影：周纯国 唐志远 黄 灏 李元胜 杰 仔 倪一农 钟 茗 任桑甲
郭 宪 思 摩 王 江 西 叶 张巍巍 李 虎 刘 晔 一 念 谌安明
李若行 黎 宏 梁光碧 吕胜云 五道黑 夏 帆 丁 亮 上 邪

责任编辑：梁 涛 陶学梅 装帧设计：程 晨

责任校对：任卓惠 责任印制：赵 晟

*

重庆大学出版社出版发行

出版人：饶帮华

社址：重庆市沙坪坝区大学城西路21号

邮编：401331

电话：（023）88617190 88617185（中小学）

传真：（023）88617186 88617166

网址：http://www.cqup.com.cn

邮箱：fxk@cqup.com.cn（营销中心）

全国新华书店经销

重庆长虹印务有限公司印刷

*

开本：787mm×1092mm 1/32 印张：7.125 字数：240千

2008年9月第1版 2009年6月第2版 2023年2月第11次印刷

印数：32 001—36 000

ISBN 978-7-5624-4929-4 定价：38.00元

前言·FOREWORD

　　如果说有什么野生小动物最能引起人们的关注，那一定就是蝴蝶了！生活在城市里的人们，就像久违了小鸟一样，同样久违了五彩斑斓的蝴蝶。似乎只有到了秋天，我们生活的城市中心需要摆放花坛的时候，才会引来几只翩翩起舞的彩蝶。

　　每当行走在郊外，行走在大山里面，置身于蝴蝶王国之中的时候，身边掠过的那一只只彩蝶，相信一定会引起你的注意。如果你想进一步观察蝶类的世界，认识这些美丽的小生灵，那么，希望本手册可以给你提供一个参考。在本手册收录的370种蝴蝶中，绝大多数是较为常见的种类，几乎可以涵盖我们经常在野外所能见到的大多数蝴蝶。

　　国内以往出版的蝴蝶书籍，大多属于学术性专著，或是地方性蝶类图鉴，普及型的书籍也往往更多地关注珍稀种类。本野外识别手册，虽然是一本科普著作，但是，我们仍就力求做到科学、严谨！在《中国蝶类志》出版多年之后，部分蝴蝶的分类地位发生了变化，同时一些新的物种和国内新纪录相继被发现，在本手册中，也有部分涉及。更具特色的是，本手册的所有图片都是昆虫摄影爱好者们野外实地拍摄的，是蝴蝶野外生活的真实写照，这在国内还是首次，也是全国昆虫摄影爱好者一次成功的合作范例！

　　本手册所使用的高级分类系统是目前国际上最为流行的，但与国内目前所通用的分类系统有所不同。为了便于使用，我们依照国内读者的习惯，在书中作了一些必要的处理和编排，希望可以得到读者的理解和关注。这一点已经在正文中专门进行了介绍。

　　由于水平的限制，本手册难免存在着这样或那样的错误，希望得到各位专家、同行的批评指正。

编　者

2008 年 5 月

目 录 CONTENTS

什么是蝴蝶

蝶类与蛾类的区别之一：活动时间

蝴蝶的活动时间

●除了部分南美产的丝角蝶（Hedylidae，又曾被译成喜蝶或广蝶）外所有的蝴蝶都在白天活动

①白天活动的凤蝶
②白天活动的蛱蝶
③白天活动的眼蝶

蛾类的活动时间

●大多数的蛾类都在夜间活动，但也有一部分蛾类在白天活动

白天活动的斑蛾　　　　白天活动的长角蛾

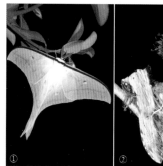

①夜间活动的天蚕蛾
②夜间活动的舟蛾
③夜间活动的天蛾
④白天活动的凤蛾

结论 　白天活动的除了蝶类之外，也有部分蛾类。因此，无法将两者完全区别开。

蝶类与蛾类的区别之二：栖息状态

蝴蝶的栖息状态
● 蝴蝶栖息时通常保持以下状态

水平状　　　　　直立状　　　　　飞机状（部分弄蝶特有）

蛾类的栖息状态

● 蛾类栖息时通常保持以下状态

水平状　　　　　　　直立状　　　　　　　屋脊状

 结论　　栖息时虽呈屋脊状的一定是蛾类，但除此之外，很难用这种方法区分蝶类和蛾类。

蝶类与蛾类的区别之三：触角形态

蝴蝶的触角形态

● 除了南美的丝角蝶外，所有蝴蝶的触角或多或少都在顶端膨大

①弄蝶
②灰蝶
③蛱蝶

蛾类的触角形态
● 蛾类的触角多种多样

双栉状

丝状

特殊形状

结论　除个别种类之外，基本上可以用此办法区分蝴蝶和蛾类。

蝴蝶的形态

头部：蝴蝶的头部有一对触角、一对复眼和虹吸式口器。

触角
复眼
口器

胸部：蝴蝶的胸部具有两对翅和三对胸足。

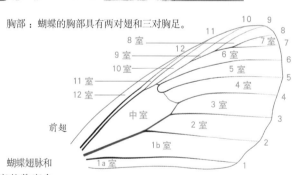

前翅

8室
9室
10室
11室
12室
中室
2室
1b室
1a室

蝴蝶翅脉和翅室的数字命名法：蝴蝶翅上各翅脉的名称按阿拉伯数字标注在翅脉的末端，各翅室的名称则按阿拉伯数字标注在每两个翅脉之间。

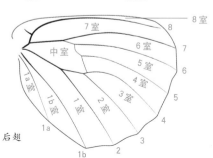

后翅

前足

中足

后足

①

前足
退化

②

①凤蝶的三对胸足发育正常

②蛱蝶的第一对足退化，收缩不用，看上去很像只有两对足的样子

　　腹部：蝴蝶的腹部是生殖器官的所在地。

拒绝再次交配的雌性粉蝶将腹部高高翘起

凤蝶的腹部

雌性绢蝶交配后长出特殊的臀袋，
防止再次交配

蝴蝶的生活

一、在哪里寻找蝴蝶？

无论是山区、森林、花园、草原、水边还是菜地，到处都可以发现蝴蝶的踪影。当然，如果想寻找更多、更少见的蝴蝶种类，自然要到山野中去了。

①水边的凤蝶
②林中的环蝶
③菜园中的粉蝶

二、蝴蝶的食物

成虫期的蝴蝶有的喜欢采食花蜜，有的喜欢吸食树汁（多为蛱蝶科）、腐烂水果，甚至还有的喜欢吸食粪便、尿迹、尸体和血液。

①吸食花蜜的凤蝶

②吸食树干汁液的蛱蝶

③聚集在一起吸取潮湿土壤中所需养分的灰蝶和粉蝶

④"斗地主"的凤蝶，实际上是在吸食扑克牌上面的所需养分

⑤吸食粪便的蛱蝶

⑥吸食动物尸体的蛱蝶

三、蝴蝶的生命周期

蝴蝶的一生要经过卵、幼虫、蛹、成虫 4 个阶段，属完全变态类型。

卵

蛱蝶卵

弄蝶卵

斑蝶卵

产卵中的粉蝶

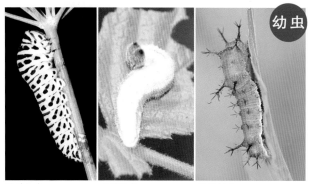

幼虫

凤蝶幼虫　　弄蝶幼虫　　蛱蝶幼虫

蛹

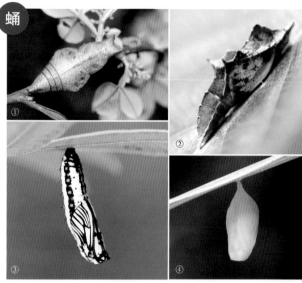

①凤蝶的溢蛹　　②粉蝶的溢蛹

③珍蝶的悬蛹　　④斑蝶的悬蛹

成虫

访花的弄蝶

飞翔中的凤蝶

休息中的眼蝶

蝴蝶的分类

蝴蝶在动物分类学中属昆虫纲鳞翅目。本手册中采用的高级分类系统是当今鳞翅学界公认的建立在支序系统学及分子系统学基础之上的系统，该系统在国外已使用多年。最近由已故日本蝶类专家白水隆主持的台湾地区鳞翅目名录的修订中也采用了这一系统。

在我国，通常使用的分类系统在《中国蝶类志》等中文文献中经常可以看到，与本书作者所使用的系统有一定的差别。为了照顾读者对国内常用分类系统的习惯性使用，在本书的正文中，我们按照国内读者的习惯进行了分类描述，但是并未将科或亚科在章节标题中直接标示出来。在这里，我们特意把那些虽已降为亚科但在过去的系统里曾作为科来使用的类群单独列出，并将两个分类系统作一下比对，以便读者阅读。

凤蝶

《中国蝶类志》及常见中文文献：凤蝶科

本手册：凤蝶科凤蝶亚科

绢蝶

《中国蝶类志》及常见中文文献：绢蝶科及凤蝶科锯凤蝶亚科

本手册：凤蝶科绢蝶亚科

粉 蝶

《中国蝶类志》及常见中文文献：粉蝶科

本手册：粉蝶科

环 蝶

《中国蝶类志》及常见中文文献：环蝶科

本手册：蛱蝶科环蝶亚科

斑 蝶

《中国蝶类志》及常见中文文献：斑蝶科

本手册：蛱蝶科斑蝶亚科

眼 蝶

《中国蝶类志》及常见中文文献：眼蝶科

本手册：蛱蝶科眼蝶亚科

蛱蝶

《中国蝶类志》及常见中文文献：蛱蝶科

本手册：蛱蝶科其他亚科

喙蝶

《中国蝶类志》及常见中文文献：喙蝶科

本手册：蛱蝶科喙蝶亚科

珍蝶

《中国蝶类志》及常见中文文献：珍蝶科

本手册：蛱蝶科珍蝶亚科

蚬蝶

《中国蝶类志》及常见中文文献：蚬蝶科

本手册：灰蝶科蚬蝶亚科

灰蝶

《中国蝶类志》及常见中文文献：灰蝶科

　　本手册：灰蝶科其他亚科

弄蝶

《中国蝶类志》及常见中文文献：弄蝶科

　　本手册：弄蝶科

　　本手册中中文名的使用完全沿用《中国蝶类志》中已采用的中文名，以方便读者认知。《中国蝶类志》中有一些蝶种的拉丁种名与拉丁属名的组合现已不再使用，部分是由于传统分类学上的研究进展导致属名和种名的组合变动，部分是由于不同学者对属级分类主观理解不同导致的属名间异名关系的变动。本手册保留所有已被使用的中文名，而不管该蝶种的拉丁学名的组合变动。有一些蝶种没有在《中国蝶类志》中记载过，因而也就没有公认的中文名，针对这样的情况，作者在手册中拟订了中文名。

种类识别

凤蝶
Swallowtails

本手册中的凤蝶从属于旧的分类系统中的凤蝶科（Papilionidae），按照新的分类系统它们属于凤蝶科中的凤蝶亚科（Papilioninae）。

凤蝶通常为大型和中型的美丽种类，色彩鲜艳而且形态优美，包括世界和我国最大的蝴蝶种类，通常飞翔能力较强。凤蝶的前足正常，许多种类的后翅有修长的尾状突起，又被称为燕尾蝶。

根据记载，我国共有凤蝶近100种。

裳凤蝶
Troides helena

雄性

前翅天鹅绒黑色，后翅金黄色。与金裳凤蝶很相似，区别在于：雄蝶后翅正面近臀角处外缘黑斑的内侧没有散布的黑色鳞片，雌蝶后翅的外缘斑和亚外缘斑多少有些相连。

雌性

经常沿山路飞翔或在山谷间盘旋，喜访花，也常到路边积水处吸水。广布于南方地区。

雄性

斑凤蝶
Chilasa clytia

有棕色型和白斑型以及一些过渡型。所有型的后翅反面外缘从臀角到前角都有宽度均匀的黄斑，可与大多近缘种区分，在飞行中可与翅面斑纹类似的斑凤蝶种类区分。停栖时可以看到白斑型的前翅中室内有纵向的线状条纹并与近中室端的白斑隔断，以此可与翅面斑纹类似的纹凤蝶种类区分。

喜访花。分布于福建、广东、海南、广西、云南、台湾等地。

小黑斑凤蝶
Chilasa epycides

整体色彩较黑，翅面与翅里斑纹类似，都有沿翅脉方向的黄白色线纹，中室内也有纵向的黄白色线纹且直到中室端而不中断，后翅臀角处有单个黄斑。

喜访花。广布南方地区及台湾等地。

17

雌性

雄性

玉带凤蝶
Papilio polytes

雄蝶后翅有横向的白斑列。雌蝶多型，常见的白斑型拟态有毒的红珠凤蝶，但可根据翅形较宽短及腹部没有红色鳞来区别，还可根据后翅反面内缘红斑与臀角红斑大多相连以及外缘红斑在前角处较大来区分。

最常见的凤蝶种类之一，常见访花。城市绿化较好的小区也常见到。广布南方地区及台湾等地，最北见于山东、河北、山西和甘肃等地。

玉斑凤蝶
Papilio helenus

后翅具白色斑块，占据5,6,7室，但不进入4室。与宽带凤蝶类似，但可以根据后翅白斑不进入第4室来区分。还可以根据以下特征区分：正面后翅臀角至少有一个清晰的红色月牙状斑纹，反面亚外缘斑列为红色，而非黄色。与衲补凤蝶更近似，但可以根据后翅白斑不进入中室来区分。另外，在野外较难见到衲补凤蝶，而玉斑凤蝶则较为常见。

为常见凤蝶之一，常沿山路飞行，也见于花上和水边。广布南方地区及台湾等地。

宽带凤蝶
Papilio nephelus

后翅具黄色或白色斑块，占据4~7室。与玉斑凤蝶近似，但正面臀角处全黑，没有红斑，反面亚外缘斑列呈黄色。

常沿山路飞行，也见于花上和水边。广布南方地区及台湾等地。

美凤蝶
Papilio memnon

大型凤蝶，雄蝶无尾突，类似蓝凤蝶，但后翅更宽大，正面后翅臀角无红斑，前缘无白色区，反面后翅前角无红斑，反面前后翅基部有红斑。雌蝶多型，尾突可有可无，后翅宽大且中域有白斑，易与其他凤蝶区分。

常见凤蝶，广布南方地区及台湾等地。

蓝凤蝶
Papilio protenor

翅面近黑色带蓝色天鹅绒光泽，在后翅正面前缘处雄蝶比雌蝶多一个白色斑块。飞行中易与红基美凤蝶和美凤蝶的雄蝶混淆，但其双翅反面基部没有红斑，后翅反面近前角处至少有两个月牙状红斑，可与二者区分。

为南方最常见的凤蝶之一，常沿山路飞行，访花，也常在水边群聚吸水。广布南方地区，台湾、陕西、河南、山东地区也可见。

牛郎凤蝶
Papilio bootes

翅形狭长，两性都有尾突，正面前翅及反面前后翅的基部都有红斑。带白斑的亚种较近似于红基美凤蝶的雌蝶，但后翅尾突的两个侧边近乎等长可明显区分。

较少见的凤蝶，常见于水边吸水。分布于河南、四川和云南，国内有3个明显区分的亚种。

碧凤蝶
Papilio bianor

易与绿带翠凤蝶南方亚种混淆，但前翅较宽短，前角略钝，雄蝶前翅正面第二脉上的性标与第三脉上的性标不连接，后翅正面的金属光泽的绿色鳞片扩散较广，几达亚外缘斑。与穹翠凤蝶也较近似，区别在于：雄蝶前翅正面第1B室内的性标与第二脉上的性标发达，连接或近乎连接；两性后翅正面金属光泽的绿色鳞较少扩散，亚外缘斑较明显，反面后翅的黄色鳞较扩散。

分布于全国各地。

绿带翠凤蝶
Papilio maacki

近似于碧凤蝶及北方碧凤蝶 (Papilio dehaanii)，但前翅较狭长。分北方型和南方型：北方型前后翅正面有明显较亮的横带纹，可与碧凤蝶及北方碧凤蝶区分；南方型雄性前翅表面的性标较碧凤蝶发达，两性正面后翅的篮绿色鳞片扩散较窄，较远离亚外缘斑。

常见访花和吸水，常与碧凤蝶混飞。北方型分布于东北、华北；南方型分布于华中、华东、西南等地区。

巴黎翠凤蝶
Papilio paris

翅表散布金绿色鳞片，后翅正面有大块的金属蓝色斑块，蓝斑与后翅内缘间有金绿色细带纹相连。与窄斑翠凤蝶相近，但区别在于：后翅正面蓝斑较大，且与内缘间有绿色带相连，亚外缘斑不带红色。

常见于水边吸水。广布南方地区及台湾等地区。

红基美凤蝶
Papilio alcmenor

翅形狭窄。翅面近黑色带蓝色天鹅绒光泽，雄蝶无尾突和白斑，雌蝶后翅有尾突和中域白斑（至少有白色鳞片）。正面前翅基部多数亚种的雌雄两性都有红色斑。反面前翅基部及后翅的基部与内缘区所有亚种的两性都有红色斑块。

常见于水边吸水。分布于陕西、河南、四川、云南、广西、海南、西藏地区。

达摩凤蝶　　　　黄黑相间的无尾凤蝶，易与其他凤蝶区分。常
Papilio demoleus　见访花。分布于华南及台湾地区。

金凤蝶
Papilio machaon

　　翅黄色带黑斑，与柑橘凤蝶的雌蝶较近似，但前翅正反面中室基半部无纵向黑色条纹，后翅臀角黄斑内无黑色瞳点。

　　为世界上最广布的凤蝶，地理分化较多，国内有十多个亚种。常见于山巅、山谷、草原和草甸地带。国内分布于除海南外的所有省份。

柑橘凤蝶

Papilio xuthus

与金凤蝶相似，但翅色更白，只有部分雌蝶翅色较黄难以分辨，但前翅正反面中室基半部有纵向黑色条纹，后翅臀角黄斑内有黑色瞳点。

为国内最常见的凤蝶之一，甚至在城市里的绿化带也经常见到。分布于除新疆和高海拔地区之外的全国各地区。

宽尾凤蝶

Agehana elwesi

尾突内有两条翅脉，易与其他凤蝶区分。

常见在天空高处翱翔，也常于水边吸水。分布于华中、华东、西南等地。

燕凤蝶
Lamproptera curius

尾突极长,前翅端半部有半透明区域,易与其他凤蝶区分。与近缘种绿带燕凤蝶的区分在于前后翅正反面的中带颜色为白色。

飞行技巧高,飞行中易被误认为是蜻蜓,常在溪边吸水、飞行,也见于森林小路上。分布于华南地区。

绿带燕凤蝶
Lamproptera meges

与燕凤蝶区分在于前后翅正反面的中带颜色为绿色或蓝白色。两种凤蝶经常在溪边混飞。分布于华南地区。

青凤蝶
Graphium sarpedon

无尾突，前翅只有一列与外缘平行的蓝绿色斑块形成蓝色宽带，此外，没有任何中室斑及亚外缘斑，据此可与同属其他蝶种区分。

飞行迅速，访花，常见于水边吸水及在树冠处快速飞翔。为常见凤蝶，城市内也经常见到。分布于南方地区及台湾等地。

碎斑青凤蝶
Graphium chironides

无尾突，前翅除中间一列蓝绿色斑块外，另有中室斑列及亚外缘斑列，后翅中室两侧都有很粗的黑边，以此可与大多数同属凤蝶区分。与黎氏青凤蝶最近似，但前翅近后缘的两个斑条明显宽短，后翅第7室明显宽阔。

飞行迅速，访花，也常见于水边吸水。分布于浙江、江西、福建、广东、广西、海南、重庆及四川地区。

黎氏青凤蝶
Graphium leechi

与碎斑青凤蝶非常
近似，尤其两种在后翅
反面前缘基部的橙斑大
小和位置上都有一些个
体变异。两者稳定的区分
在于：黎氏青凤蝶前翅近
后缘的两个斑条明显狭
长，后翅第7室狭窄导致
该翅室的斑块明显比碎
斑青凤蝶狭窄。

曾有人观察到该种
与碎斑青凤蝶混飞。分
布于浙江、江西、四川、
云南地区。

统帅青凤蝶
Graphium agamemnon

有明显的尾突，前翅
除中间一列黄绿色斑块
外，中室内有两列黄绿色
斑块，亚外缘有一列斑
块，后翅有3列近乎平行
的黄绿色斑块，据此可与
其他种类区分。

飞行迅速，非常警
觉。分布于华东、华南及
台湾等地。

宽带青凤蝶
Graphium cloanthus

尾突长，前翅仅中间一列宽大的浅绿色斑块形成的中带，无亚缘斑列，后翅除中带外另有一列亚外缘斑列。

常见于水边。分布于南方地区及台湾等地。

纹凤蝶
Paranticopsis macareus

前翅中室内有黑白相间的倾斜条纹，据此可与斑凤蝶属的种类区分。后翅中室外侧中域的条纹队列并不分裂成两对斑列，后翅中室内有倾斜的黑色线纹，据此可与其他纹凤蝶属的种类区分。

常见于水边吸水。分布于华南地区。

铁木剑凤蝶
Pazala timur

后翅正面中带连贯清晰（与华夏剑凤蝶区分），为单一条带（与升天剑凤蝶区分），在后端分叉，第3脉呈黑色（与其他剑凤蝶区分）。

常见访花或于水边吸水。分布于浙江、福建、重庆、四川、江西、台湾等地。

乌克兰剑凤蝶
Pazala tamerlana

正反面后翅的中线都非常清晰笔直，没有分叉；后翅反面中室脉上无黑鳞。与金斑剑凤蝶近似，但个体较大，两翅翅形较宽阔，后翅正面1b室内的橙斑内侧没有浓重的黑斑，最可靠的是后翅反面1b室内的橙斑与2室内的橙斑不相连，被黑色鳞断开。

图为大理亚种，分布在我国云南，常见在水边吸水，也曾见沿小路或山谷飞行。另有甘肃亚种，分布于甘肃、陕西、河南及四川等地。

褐钩凤蝶
Meandrusa sciron

前后翅正面棕黑色，有黄色横带，亚外缘有黄色斑列。需要特别指出的是，原认为是该种之亚种的ssp.*lachinus*（西藏钩凤蝶）已发现在越南北部与该种同地分布，而且不仅在翅面特征上有区分，还在生殖器与足的特征上有稳定的区别，因此已经被提升为独立的种。西藏钩凤蝶（*Meandrusa lachinus*）正面全褐色，有些亚种有不清晰的白斑块，分布于喜马拉雅东部山区到中印半岛和我的西藏东南角，在《中国蝶类志》中曾被误定为褐钩凤蝶的指名亚种。褐钩凤蝶与西藏钩凤蝶最稳定的区分在于尾突较短，大多数个体都有黄色的中带，但有全黑色的变异个体，不易与西藏钩凤蝶区分，《中国蝶类志》中曾图示过一个全黑的产自江西的雄蝶（书上误标为雌蝶），但可以根据尾突短而与西藏钩凤蝶区分开。西藏钩凤蝶目前在国内只在西藏东南角发现过。

常见于小路上积水处或岩壁上吸水，分布于福建、广东、江西、重庆、四川、陕西等地。

绢蝶
Apollo Butterflies

本手册中的绢蝶从属于旧的分类系统中的绢蝶科（Parnassiidae）和凤蝶科的锯凤蝶亚科（Zerynthiinae），按照新的分类系统它们属于凤蝶科中的绢蝶亚科（Parnassiinae）。

绢蝶多数为中等大小，白色或蜡黄色。成虫触角短，端部膨大呈棒状；下唇须短；体被密毛。翅近圆形，翅面鳞片稀少，半透明，有黑色、红色或黄色的斑纹。绢蝶通常飞翔较为迟缓并飘忽不定，其中的一些种类只生活在海拔2 000米以上的高山地带。

我国目前已知绢蝶40余种。

丝带凤蝶
Sericinus montelus

雄性

尾突细长，体纤弱，雄蝶底色白色，雌蝶底色黑色并具白色斑纹。易与其他凤蝶区分。

常在寄主（马兜铃）周围缓慢飞翔。分布于东北、华北、西北等地，最南分布到湖北、江苏地区。

雌性

中华虎凤蝶
Luehdorfia chinensis

翅黄色并具黑色条纹，尾突短。与虎凤蝶区别在于后翅正面红色斑发达。

发生期早，一般仅在早春可见，并常在寄主（细辛、杜衡）附近发现。分布于江苏、浙江、湖北、江西、河南、陕西等地。

阿波罗绢蝶
Parnassius apollo

前翅中带位置上的3个斑全为黑色且无任何红色鳞，后翅正面基部无清晰的红斑，亚外缘无明显的黑带。据此可与近似种区分。本种在欧洲的一些国家已经灭绝，并被列入《濒危野生动植物种国际贸易公约》，列为二级保护种类。在我国《国家重点保护野生动物名录》中，也被定为二级保护种类。

常见于新疆的草甸地带，飞翔较慢，访花。分布于新疆。

前翅中带位置上的3个斑全为带黑边的红色斑，且红色面积较大，后翅正面基部有清晰的红斑。据此可与大多数绢蝶种类区分。

常见于草甸地带，飞翔较慢，访花。分布于黑龙江、吉林、辽宁、北京、河北、河南、陕西、甘肃、青海、宁夏等地。

小红珠绢蝶
Parnassius nomion

冰清绢蝶
Parnassius glacialis

翅近乎全白，也有黑化个体出现，无任何红斑，前翅中室及亚外缘有不清晰的灰色斑带。与白绢蝶近似，区分在于个体较大，雄蝶颈部及腹侧有明显的橙黄色毛（白绢蝶为较灰的毛），雌蝶臀袋明显较短。

飞翔缓慢，常见于林间草地，有时也沿山路飞翔。分布于东北、华北、西北、华东的部分地区。

艾珂绢蝶
Parnassius acco

图示为普氏亚种（ssp. *przewalskii*），该亚种仅分布在青海布尔汗布达山及昆仑山一带，历史上曾被认为是一独立种，但最近的研究认为应该是艾珂绢蝶的一个亚种。

本种常见于青藏高原及周边高山地区的东南向碎石坡上，飞行较为迅速，较其他青藏高原产绢蝶更有游荡的习性，常见其随风在高原上飘飞。分布于西藏、青海、甘肃、四川等地。

粉　蝶
Whites & Yellows

本手册中的粉蝶在新旧分类系统中都属于粉蝶科 (Pieridae)。

粉蝶多数为中等体型,翅的颜色大多为粉黄或者粉白色,斑纹简单,仅少数热带种类色彩鲜艳。粉蝶触角呈棍棒状,前足正常,后翅均没有尾突。粉蝶科包括了菜粉蝶等著名的农业害虫。

我国目前已知粉蝶约150种。

迁 粉 蝶
Catopsilia pomona

多型现象明显。正面前后翅底色相近(镉黄迁粉蝶前后翅色不同),大多都带有黄色(梨花迁粉蝶为白色或粉绿色),且反面底色比较黄,斑纹大多数比较发达(梨花迁粉蝶底色更白且斑纹多为模糊的鳞波状)。

常见于亚热带,访花或于水边吸水。分布于华南、西南及华东等地。

梨花迁粉蝶
Catopsilia pyranthe

正反面底色较白，反面大多带有模糊的鳞波状斑纹。

常见于亚热带，访花或于水边吸水。分布于华南、西南及华东等地。

黑角方粉蝶
Dercas lycorias

雄蝶正面中域无黑斑点，雌蝶有一明显的黑色圆斑。与檀方粉蝶区别在于后翅4脉不尖出。与橙翅方粉蝶更接近，但正面底色为黄色，没有大片的红色，前翅正面外缘黑斑退化，仅在顶角较发达，没有沿4脉侵入。

常见于林中小路上，吸水或访花。分布于除广东外的大部分南方省份，也见于西藏东南地区。

斑缘豆粉蝶
Colias erate

最常见的豆粉蝶之一。两性前翅正面外缘黑带占翅面的三分之一，内有成列黄斑，但第3室内无斑，后翅正面中室端有清晰的橙黄色圆斑，据此可与大多豆粉蝶种类区分。与豆粉蝶最接近，但前翅第2室内的亚外缘黄斑完全被黑边包围，不与黄色中域沟通，且分布广（豆粉蝶仅在新疆分布）。雄性前翅正面黑边内的黄斑可全部消失。近年有学者将日本、俄罗斯远东及中国除新疆外的其他地区所产的斑缘豆粉蝶亚种提升为独立种，但也有不同的处理意见，目前尚无定论。

常见于草甸地带。分布于东北、华北、西北，向南分布到湖北、浙江、福建、云南、台湾等地。

橙黄豆粉蝶
Colias fieldii

两性正面底色橙黄色（与豆粉蝶，斑缘豆粉蝶及大部分豆粉蝶属蝶种区分），外缘有较宽的黑边，该黑边的内缘在第4脉上明显弯折（与黎明豆粉蝶区分），后翅正面中室端斑为模糊的两个相连的水滴状淡橙黄色斑块（与红黑豆粉蝶等区分）。雄蝶正面黑边内没有任何黄斑，后翅正面前缘近基部有淡黄色圆形性标（与镏金豆粉蝶区分）。雌蝶正面前翅黑边内具一列黄斑（在第4室内缺），后翅黑边内有一列近乎相连但并不愈合的黄色斑块（与镏金豆粉蝶区分）。

最常见的豆粉蝶，分布于西藏、四川、重庆、云南、甘肃、青海、陕西、湖北、河南、广西等地。

季节多型现象明显。一些秋冬型前翅斑纹完全消失，反面斑纹较多。春夏季节常见的型则前翅前角圆钝，后翅在第3脉处有较圆滑的弯折，前翅正面黑边的内缘在第3脉上向内尖出，且在第1b室内和在第4室内近乎等宽，前翅反面中室内有两个斑点。据此可与大多数种类区分开。但在野外不易与近缘种类区分，尤其在云南及海南这些黄粉蝶种类丰富的地方。

宽边黄粉蝶
Eurema hecabe

最常见的粉蝶之一，飞行缓慢，常见访花及吸水。广布于南方广大地区及台湾地区。

檗黄粉蝶
Eurema blanda

季节多型现象明显，旱季型正面外缘黑边较宽，反面斑点发达，雨季型正面外缘黑边较窄，反面斑纹退化。斑纹发达的型前翅反面中室内有3个黑斑，易与宽边黄粉蝶和安迪黄粉蝶区分。其他的区别在于：前翅正面外缘的黑边在1b室内明显比在4室内要窄，在2室内明显比在3室内要窄。

华南常见粉蝶，飞行缓慢，常见在路边缓慢飞行或在水边吸水。分布于华南及台湾地区。

圆翅钩粉蝶
Gonepteryx amintha

体型较其他两种国产近缘种为大，且前后翅尖角较钝，雄蝶正面翅色更显橙黄，两性后翅反面中室前脉及第7脉远比其他两种更为膨大。该属种类雌雄翅色异型，雄为橙黄色，雌为白色。

常见蝶种之一，访花。分布于浙江、江西、福建、台湾、四川、云南及西藏地区。

尖钩粉蝶
Gonepteryx mahaguru

体型小，两翅尖角更为尖锐。与钩粉蝶更近似，但前翅前缘较弯，后翅反面中室前脉及第7脉并不膨大。

较为少见，访花。分布于东北、华北，向南到浙江、河南、陕西、四川、云南及西藏地区。

橙粉蝶
Ixias pyrene

　　雄蝶前翅正面有大片镶有黑边的橙斑区，据此可与其他粉蝶区分。雌蝶橙区较窄，常呈白色或黄白色，甚至退化。翅反面底色黄色，没有清晰的黑色带状斑纹，且后翅中室端脉上有单独的一个黑点，据此可与外观相似的迁粉蝶及尖粉蝶类区分开。

　　较为少见，飞行较快，不易观察。分布于江西、福建、广东、广西、海南、云南、台湾等地。

奥古斑粉蝶
Delias agostina

　　前翅反面各脉具黑色鳞，有一黑色的亚外缘横带，后翅反面底色黄色，具清晰的亚外缘横带与外缘平行，此外无任何斑纹。据此可与其他种类区分。

　　分布于四川、云南、海南地区。

优越斑粉蝶
Delias hyparete

后翅反面亚外缘有大片的红斑，基半部及后缘区底色为黄色，据此可与其他种类区分。

常见访花或吸水。分布于广东、广西、海南、云南、台湾地区。

报喜斑粉蝶
Delias pasithoe

前翅正面中室端斑为较小的白色斑，后翅正面并无清晰的红色斑块，反面中域为大片的黄色，在第5，6室中被分割为两部分，据此可与近缘的红腋斑粉蝶等种类区开。

较为常见，分布于福建、广东、广西、海南、云南、西藏及台湾地区。

白翅尖粉蝶
Appias albina

　　雄蝶近乎无斑，前翅前角更为尖出，可与相近的宝玲尖粉蝶区分。雌蝶中室端部下半部分为白色底色，非黑色且无任何斑（可与大部分尖粉蝶的雌蝶区分），前翅第3室内的中域黑斑外侧具白色鳞，可与雷震尖粉蝶区分。

　　常成群在水边吸水。分布于华南及华东地区。

灵奇尖粉蝶
Appias lyncida

　　雄蝶反面后翅黄色，除一较宽的黑边外再无其他斑，可与其他尖粉蝶区分。雌蝶正面中室全黑色或污灰色，沿翅脉方向有放射状白斑条带，易与其他种类区分。

　　常成群在水边吸水。分布于广东、广西、海南、福建、云南、西藏、台湾地区。

红翅尖粉蝶
Appias nero

正面橘红色至砖红色，非常艳丽，反面为红黄色和黄色。易与其他种类区分。

常见于水边吸水。分布于广东、广西、海南、福建、云南、台湾地区。

红肩锯粉蝶
Prioneris clemanthe

后翅反面基部有红色斑，可与锯粉蝶区分。另外，雄蝶后翅正面外缘黑边较细，不沿脉向内扩展，雌蝶后翅正面中室边缘及端部无黑斑，这也可用于区分。

常见于水边吸水。分布于广东、广西、海南、福建、云南地区。

锯粉蝶
Prioneris thestylis

后翅反面为更均匀的黄色，基部无红斑，第7室内近第7脉基部有明显的黑斑。这些都可用于区分该种。

常见于水边吸水。分布于广东、广西、海南、福建、云南、台湾地区。

绢粉蝶
Aporia crataegi

翅面以白色为主，基本无斑，翅脉黑褐色，前翅翅形略成三角形，后翅反面不带黄色，一般散有黑灰色鳞。

盛发时数量大，常见访花或吸水。分布于东北、华北、西北、西南等地。

小檗绢粉蝶
Aporia hippia

翅面基本无斑，翅脉黑色，翅形较绢粉蝶圆润，后翅反面基部有鲜亮的橙黄色斑，与翅色对比明显，据此可与绢粉蝶和暗色绢粉蝶区分。

盛发时数量大，常见访花或吸水。分布于东北、华北、西北、西南、华中的部分地区。

完善绢粉蝶
Aporia agathon

所有的翅脉都饰以很粗的黑色条纹，前后翅黑色中横带很粗，连贯不间断。

常见在路上的积水处吸水。分布于云南、西藏地区。

巨翅绢粉蝶
Aporia gigantea

　　与大翅绢粉蝶（*Aporia largeteaui*）近似，但前后翅中带发达，后翅反面中室内常有纵线。

　　飞翔缓慢，飞行中难与大翅绢粉蝶区分。分布于四川、贵州、台湾等地。

灰姑娘绢粉蝶
Aporia potanini

　　后翅翅脉间有纵向的线纹，前后翅反面中室内有隐约可见的纵向线纹。地理变异较大，甘肃、陕西、河南等地产的翅面遍布黑色鳞，河北、北京产的则基本没有黑色鳞散布。

　　分布于甘肃、陕西、河南、内蒙古、河北、北京、辽宁、吉林、黑龙江等地。

黑脉园粉蝶
Cepora nerissa

反面底色以白色为主，翅脉都饰以棕绿色或棕黄色条纹。雄蝶前翅3室内有一独立的黑色斑块。雌蝶前翅正面第3室基本全黑色。

常成群在水边吸水。分布于广东、广西、海南、福建、云南、台湾地区。

菜 粉 蝶
Pieris rapae

最常见种类，正面翅脉端无黑斑，反面翅脉无线纹。各季节型之间有区别，有的型斑纹近乎全部消失，仅在前翅顶部有黑斑。

分布于全国各地。

雄性

东方菜粉蝶
Pieris canidia

与菜粉蝶的区分在于前翅正面顶角的黑斑延伸至第3脉附近，后翅正面脉端都有黑斑。

分布于华北及其以南的广大地区。

雌性

黑纹粉蝶
Pieris erutae

正反面前后翅的翅脉都为暗色或黑色。类似于大展粉蝶，但个体明显较小，斑纹较不清晰，后翅反面中室内常有纵向的线纹。根据德国学者的订正，中国产的黑纹粉蝶以前所使用的学名有误，并非原产日本的日本黑纹粉蝶。

分布于华中、华东、西南地区。

飞龙粉蝶
Talbotia naganum

体形较类似的粉蝶属种类大很多，且翅形宽阔，前翅中室端部有黑斑。雌蝶斑纹较雄蝶多，后翅正面脉端饰以黑斑，第3室内近乎全黑并与中室黑斑连贯，且前翅1a及1b室内有黑斑。

分布于华中、华东、华南、西南等地。

云粉蝶
Pontia edusa

国外学者对云粉蝶属模式种的生化分析证明原来的 *Pontia daplidice* 包含两个种，而中国只有其中的一种，学名应为 *P. edusa*。与近缘种的区分在于中室斑宽大及前翅顶角附近黑斑或绿斑发达（与绿云粉蝶区分），所有的黑色或绿色斑为块状，不呈线状或折线状（与箭纹云粉蝶区分）。

分布于除海南、台湾外的全国各地。

纤粉蝶
Leptosia nina

前翅前角非常圆润，翅面近乎全白仅第3室内有一黑色斑块，顶角有少许黑鳞。反面后翅散布灰黄或灰绿色鳞片，在中域附近大略形成两条平行的条纹。

分布于海南、台湾地区。

橙翅襟粉蝶
Anthocharis bambusarum

前翅较其他种类圆润，雄蝶前翅正面几乎全为橙色，雌蝶无橙色斑，底色为白色。

分布于江苏、浙江、河南、湖北、陕西地区。

雌性

雄性

黄尖襟粉蝶
Anthocharis scolymus

前翅前角尖出，易与红襟粉蝶和橙翅襟粉蝶区分。前翅前角附近的黑斑远离中室端斑，易与皮氏襟粉蝶区分。

分布于东北、华北、西北、华中、华东、西南等地。

斑　蝶
Tigers & Crows

本手册中的斑蝶从属于旧的分类系统中的斑蝶科（Danaidae），按照新的分类系统它们属于蛱蝶科中的斑蝶亚科（Danainae）。

斑蝶属中型至大型的美丽蝶种。常以黑、白色为基调，饰有红、白、黑、青蓝等色彩的斑纹，部分种类更具有灿烂耀目的紫蓝色金属光泽。斑蝶成虫触角端部逐渐加粗，但不明显；前足退化，收缩不用。

目前，我国已记载斑蝶种类30余种。

金斑蝶
Danaus chrysippus

与虎斑蝶近似，区别在于正反面各翅脉不饰以黑色条纹，前翅第 3 室内的白斑较远离外缘，后翅中室周围的黑斑清晰独立，后翅反面亚外缘白斑较大且内侧饰以较细的黑色线纹。

飞翔慢，常见访花。分布于南方广大地区及台湾地区。

虎斑蝶
Danaus genutia

正反面各翅脉都有黑色条纹。

最常见的斑蝶之一，广布于南方地区及台湾，最北分布到河南、陕西等地。

青斑蝶
Tirumala limniace

与啬青斑蝶近似，但所有的淡色斑块都明显宽大很多，且斑块的色彩明显较白，前翅1b室内的淡色斑条接近翅基。与骈纹青斑蝶区别在于所有的斑都更宽大；前翅中室内仅1条纵向斑，没有沿前缘的第2条斑；中室端斑为相连的2个斑块，不呈3条平行的斑列状；后翅中室内的黑色纵条不分叉，反面第7室基部斑较宽短。

分布于广东、广西、海南、福建、云南、台湾地区。

啬青斑蝶
Tirumala septentrionis

淡色斑狭窄，易与骈纹青斑蝶混淆，区别在于前翅中室内仅1条纵线，中室端斑为两个相连的斑块，第1b室的条纹不向翅基延伸，后翅中室内的黑色条纹不分叉。

分布于江西、福建、广东、广西、四川、云南、海南、台湾等地。

黑绢斑蝶
Parantica melaneus

最近日本学者根据外观形态和幼期将该种分为两个分布重叠的独立种：黑绢斑蝶（*P. melaneus*）和斯氏绢斑蝶（*P. swinhoei*）。黑绢斑蝶大体可根据如下特征与斯氏绢斑蝶区分：雄蝶后翅第2室内基部斑块外侧的白点明显，很少消失，第2脉上的性标明显较小；雌蝶后翅第4室斑长度略为第3室斑长度的1.5倍，不会达到两倍。

分布于广东、广西、海南、四川、云南、西藏地区。

大绢斑蝶
Parantica sita

后翅中室内多少都有线状纵向线纹，正面前翅外缘底色较黑而后翅较红，易与近似的黑绢斑蝶区分。与西藏绢斑蝶的区分在于雄蝶后翅的性标较发达，到达第2脉，且常进入第2室。

分布于南方各地及台湾地区。

绢斑蝶
Parantica aglea

翅色基本黑白相间，没有红色或棕色色调，白斑略带青灰色调。前后翅正反面中室内都有清晰的纵向黑色线纹，前翅中室的黑线纹纵贯中室，并不中断，以此可与属内外任何斑蝶种类区分。

分布于四川、云南、福建、广东、广西、海南、台湾等地。

拟旖斑蝶
Ideopsis similis

与其他属尤其是青斑蝶属种类似，但正反面前翅中室前侧有一条沿前缘伸展的白色线纹可以区分。与近似种旖斑蝶的区别在于淡色斑相对较宽，后翅2A脉上的黑条纹比2A，3A脉间的白色条纹等宽或略窄（旖斑蝶则是明显较宽）。

分布于广东、广西、海南、福建、云南、浙江、台湾地区。

蓝点紫斑蝶
Euploea midamus

反面中室外有一圈白点，排列成折线状，转折点在第4室，而不是在第3室，由此可与反面最近似的幻紫斑蝶区分开。后翅反面亚外缘由一列白斑点，每个翅室内有一对；前翅反面中室端部有一白点，3室基部有一白点，前缘附近有一白点，这3个白点形成的角度大约是90°或更高。根据这两个特征可与其他紫斑蝶区分。除此外雄蝶的性标也很特别，但在野外不容易观察到。注意该种后翅反面后中域的白斑列经常会消失，不应作为鉴别依据。

分布于广东、广西、海南、福建、云南、浙江、福建地区。

异型紫斑蝶
Euploea mulciber

雌雄异型。雌蝶后翅正反面有沿翅脉方向排列的白色线纹，易于辨认。雄蝶反面前后翅亚外缘有一列白点，前翅反面前缘最基部的白点与中室内白点和第3室内白点形成等腰三角形，角度不超过90°，后翅反面中室外的白点列在第4室内转折。根据这些特征容易认出该种。另外该种前翅前角较尖，雄蝶正面的性标也可用于鉴别，但在野外不易观察。

最常见的种类，广布于南方及台湾、西藏等地。

环　蝶
Fauns & Duffers

本手册中的环蝶从属于旧的分类系统中的环蝶科（Amathusiidae），按照新的分类系统它们属于蛱蝶科中的环蝶亚科（Amathusiinae）。

环蝶属中至大型蝴蝶；颜色多为黄褐色或灰褐色，色彩多数暗而不鲜艳，少数种类具有蓝色斑纹。环蝶成虫触角相对前翅较短，末端部分逐渐加粗，但不明显；环蝶前足退化，收缩不用；双翅的面积较大，虫体较小，翅腹面常具有圆形斑纹，并因此而得名。

根据记载，我国已知环蝶共有 20 余种。

纹环蝶
Aemona amathusia

正面与尖翅纹环蝶容易区分，翅色较统一且前后翅外中域没有明显的镶黑边的白斑块。但反面较难区分，仅可从后翅翅色较均匀统一来辨认，尖翅纹环蝶后翅下半部明显较上半部翅色更黄。目前此种学名下其实包含至少两个近缘种，虽然还没有正式的论文对它进行修订，但编者曾在福建梅花山看到两个不同的亚种同地分布且雌雄生殖器上都有稳定的区分。

分布于福建、广东、广西、贵州、四川、云南、西藏等地。

凤眼方环蝶
Discophora sondaica

与惊恐方环蝶近似，但雄蝶后翅正面的性标不那么明显区别于翅色。野外观察中可用的特征为翅形和翅色：该种后翅第2, 3, 4脉端的外缘较惊恐方环蝶更为波折，后翅反面的中带更模糊，中带内的底色较外侧的底色更暗，而惊恐方环蝶则中带内为黄棕色，中带外侧则多为黑褐色。

分布于福建、广东、广西、云南、海南、台湾、西藏等地。

串珠环蝶
Faunis eumeus

与折线串珠环蝶（*Faunis canens*）最接近，两者都可能在云南南部看到，但后翅反面黑色中线较直，不呈强烈弯曲状。与灰翅串珠环蝶容易区分，正反面的底色较黑且个体较小。

在热带雨林里常在阳光透射不到的暗处出没，常停于落叶间。分布于海南、广东、广西、四川、云南、台湾等地。

灰翅串珠环蝶
Faunis aerope

体形大，翅面较浅，常为淡棕灰色或淡灰色，翅里底色较暗。此种可能也是几个独立种的复合种，各地理亚种之间的生殖器差异非常大，都有可能是独立的种类。

指名亚种分布在四川、陕西，其他亚种分布于云南、广西等地，但有可能并不属于该种。

紫斑环蝶
Thaumantis diores

正面有闪金属蓝色的大斑块，反面黑褐色，亚外缘和外缘区淡褐色，易与其他环蝶区分。

常在较暗的林中游荡。分布于广东、广西、海南、云南及西藏地区。

箭环蝶
Stichophthalma howqua

正面浓橙色且翅色较均匀统一，易与白兜箭环蝶和白袖箭环蝶等区分。体形大，且雌蝶正面前翅前角附近没有清晰的白斑，这些都可与青城箭环蝶区分。野外观察可以凭借以下特征区分该种：雄蝶后翅反面黑色中线距离其外侧的黑色鳞或暗色鳞区较远，雌蝶白色中带明显较宽。另外，和箭环蝶同地分布的青城箭环蝶后翅反面中室端部都有一个黑斑，可与箭环蝶区分开。

常见于竹林中，飞行缓慢但飘忽不定。广布于南方各省及台湾地区。

眼　蝶
Browns & Ringlets

本手册中的眼蝶从属于旧的分类系统中的眼蝶科（Satyridae），按照新的分类系统它们属于蛱蝶科中的眼蝶亚科（Satyrinae）。

眼蝶多属小型至中型的蝴蝶。常以灰褐、黑褐色为基调，饰有黑、白色彩的斑纹。眼蝶成虫触角端部逐渐加粗，但不明显；前足退化，收缩不用。前后翅反面近亚外缘常具多数眼状的环形斑纹。

根据记载，我国已知眼蝶近300种。

A PHOTOGRAPHIC GUIDE TO BUTTERFLIES OF CHINA
常见蝴蝶野外识别手册

暮眼蝶
Melanitis leda

与睇暮眼蝶很近似，但正面前翅黑色眼斑的白瞳较为接近黑斑中心，而睇暮眼蝶的白瞳明显外偏。野外观察不易见到正面，但可根据以下特征大致区分。暮眼蝶有多型现象，其中主要可分成反面有明显眼斑的型和无眼斑的型。有眼型的翅形较狭，反面底色均匀，遍布波状鳞纹，中带模糊或退化，而睇暮眼蝶翅形较宽大，眼斑较小，底色较深。暮眼蝶无眼型的反面底色斑驳不均，有清晰的黑色斑块杂于其中，中带较宽且明显在5脉处转折，而睇暮眼蝶底色较均匀，没有清晰的黑斑块，中带较圆润的弯曲。

广布于南方地区及西藏、台湾地区。

睇暮眼蝶
Melanitis phedima

与暮眼蝶近似，但正面前翅黑色眼斑的白瞳明显外偏。反面底色较暮眼蝶的有眼型更深且眼斑更小。反面底色较暮眼蝶的无眼型更为均匀，一般没有清晰的黑色斑块。中带弯曲较均匀。

广布于南方地区及西藏、台湾地区。

翠袖锯眼蝶
Elymnias hypermnestra

易与其他锯眼蝶区分：前翅正面仅有沿外缘的闪蓝色斑列，前翅反面前缘近前角处有三角形淡色区，后翅反面近前缘有一清晰的绿白色斑点。

一般仅在阴暗的密林里可见。分布于广西、海南、台湾、云南、湖北等地。

白条黛眼蝶
Lethe albolineata

后翅反面有白色中带，除此中带外中室端部并无独立的斑纹，可与黄带黛眼蝶等区分。后翅反面2～5室亚外缘眼斑的内侧有连贯的白色条纹，该条纹与第6室内眼斑的外侧的白色斑不在一条直线上而且明显断开，据此可与所有近似种区分开。

分布于四川、江西等地。

深山黛眼蝶
Lethe insana

后翅反面仅有内外两条深色中线，外线在近前缘的眼斑附近并不强烈内曲，第6室内的眼斑并不显著大于第2室的眼斑。前翅反面仅3~5室内有清晰的眼斑。雄蝶前翅反面的中带为浅色的晕带，在1~3室不明显，在4室以上明显，指向前翅的后角。雌蝶前翅正反面有白色宽带。

分布于西藏、云南、贵州、广东、广西、福建、海南、台湾等地。

华西黛眼蝶
Lethe baucis

此种曾被长期误认为深山黛眼蝶 *Lethe insana*，但可根据以下特征区分：雌雄两性后翅反面第2,3室眼斑的外侧底色并不比内侧底色更红，前翅反面第6室大都有一个眼斑，很少退化，雄蝶前翅反面的斜中带大都指向前翅后缘，很少指向前翅的后角。

分布仅限于四川和云南。

曲纹黛眼蝶
Lethe chandica

后翅反面外中带沿第4脉强烈向外尖出并在周围外侧伴以淡色的黄斑块，据此可与其他黛眼蝶区分。与三楔黛眼蝶最近似，但反面前后翅的内侧中线较波折，不呈直线且外侧没有很宽的淡色鳞区，外侧中线在第4脉上有更强烈的弯曲且其外侧有淡色鳞区，另外，前翅中室内有一多余的黑线斑位于内中线的内侧。

分布于南方各省及台湾地区。

棕褐黛眼蝶
Lethe christophi

反面底色为均匀的淡紫棕色，没有斑驳或交错的淡色斑块，前翅反面除清晰的两条较直的暗色中线外仅有中室内线和中室端线，后翅反面仅有两条较直的暗色中线及中室端线，后翅反面的眼斑都比较小。雄蝶后翅第2室的内半部有黑色的性标。

分布于华东、西南、华中、西北等地。

白带黛眼蝶
Lethe confusa

　　两性前翅都有宽阔的斜白带，后翅反面底色为棕色，内外两条中线近乎白色，据此可与大多数黛眼蝶区分开。与玉带黛眼蝶最近似，但后翅明显在4脉更为尖出，前翅的白带在1b室内明显。

　　常见的眼蝶，分布于南方各省及西藏、台湾地区。

玉带黛眼蝶
Lethe verma

　　与白带黛眼蝶近似，区分在于前翅的白带不进入1b室，后翅不那么尖出，前翅反面的眼斑没有联合的白色外圈。

　　易在阴暗的林中见到。分布于南方各省及西藏、台湾地区。

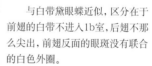

苔娜黛眼蝶
Lethe diana

后翅反面第 2 室和第 6 室的眼斑远大于其他眼斑，且都有明显的淡色外环，该外环经常呈金属光泽的蓝色。反面的底色灰棕色，较为均匀，内外中线都为深色线。前翅反面中室内除被内中线穿过外还有条多余的黑线。雌雄两性都无前翅白带。

分布于河南、陕西、河北、浙江、江西、福建、台湾地区。

孪斑黛眼蝶
Lethe gemina

后翅反面仅有一条中带且在 3，4 室内强烈外曲，据此可与其他黛眼蝶区分开。前翅反面近前角处仅有一个眼斑且与唯一的中带在一条直线上。

野外数量较少，一般在竹林里见到。分布于浙江、福建、四川、台湾等地。

蟠纹黛眼蝶
Lethe labyrinthea

　　前翅正面沿1b－6脉都有楔状的黑色性标区，易于和其他黛眼蝶区分。与妍黛眼蝶接近，但前翅前缘较平直，前翅正面的性标沿翅脉扩展的较长，且进入中室内，前翅近前角处没有眼斑。

　　常在竹林周围见到。分布于浙江、福建、四川等地。

直带黛眼蝶
Lethe lanaris

　　个体较大，翅面较黑，前翅前角较尖锐，外缘内凹或平直。反面仅有两条深色中线。前翅反面外侧中线的内外底色不同，内侧深而外侧浅，第2～6室有5个清晰的眼斑。与宽带黛眼蝶最近似，但雄蝶前翅的中线较少倾斜，距离中室端部较远，雌蝶没有白色宽带。

　　常见于竹林或较阴暗的林中。分布于四川、湖北、浙江、河南、江西、福建等地。

前翅反面无眼斑，中室内有两条线纹，仅一条较直的橙色或棕色中带，后翅反面内中带从前缘到中室，止于中室后侧脉，易与其他多数黛眼蝶区分。最接近珠连黛眼蝶，但区分明显：前后翅没有宽阔清晰的银色亚外缘线，后翅反面的外中带较平直，在4脉上较少弯曲。

分布于江西、湖北、四川、陕西、重庆等地。

门左黛眼蝶
Lethe manzorum

木坪黛眼蝶
Lethe moupinensis

原产于大熊猫的故乡，四川的宝兴地区（旧称木坪），曾长期作为黛眼蝶（*Lethe dura*）的亚种，但近年被认为是独立的种类，与黛眼蝶的区分在于后翅正面外缘没有明显的淡色区。与素拉黛眼蝶的区分在于后翅正面的亚缘斑列较小，后翅尾突较短钝，前翅反面第3室内无眼斑。与其他多数黛眼蝶种类的区分在于个体较大，正面较黑，后翅尾突较明显。

分布于重庆、四川、陕西、湖北、福建、云南、广西、贵州等地。

贝利黛眼蝶
Lethe baileyi

翅形狭长，后翅反面近基部有两条淡色线纹，外中带较细且清晰，从前缘到第3脉呈直线状。雄蝶前翅正面有很宽的黑色性标。20世纪初由英国的军官及探险家贝利在藏东南的察隅地区发现并以其姓氏命名。后来在云南西北和藏东南的墨脱县也被发现。

分布狭窄的稀有种，很难在野外观察到，曾在竹林间的小路或阴暗的林间空地上见到。仅见于云南及西藏。

波纹黛眼蝶
Lethe rohria

后翅反面内中带和外中带都为曲折的白色条纹，其外侧沿眼状斑列的内缘也有一条曲折的白色条纹，亚外缘的眼状斑大多由不规则的黑色斑块组成且有很多微小的白色瞳点。近似长纹黛眼蝶，但前翅反面1b室和2室内无眼状斑，后翅反面有两条中带，且弯曲，各眼状斑有明显的黄色外环，雌蝶前翅的白带较曲折。

沿植被较好的林间小路容易见到。分布于华东、华中、西南、华南、台湾地区。

宽带黛眼蝶
Lethe helena

最近似直带黛眼蝶，但雄蝶前翅中带更为倾斜，非常接近中室端脉，雌蝶前翅有很宽的白色斜带。和直带黛眼蝶相反，本种很难在野外见到而且数量很少。与其他黛眼蝶也容易区分：前翅反面亚外缘有5个眼斑略呈直线排列，后翅反面内外中带距离很近。

罕见种，一般在竹林附近活动。分布于四川、浙江、福建等地。

华山黛眼蝶
Lethe serbonis

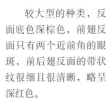

较大型的种类，反面底色深棕色，前翅反面只有两个近前角的眼斑，前后翅反面的带状纹很细且很清晰，略呈深红色。

较罕见的种类，曾见在路边吸食粪便。分布于西藏、陕西等地。

细黛眼蝶
Lethe siderea

正面黑棕色，近乎无斑，反面前翅仅有外缘银色或闪紫色线纹和亚外缘的微小的眼状斑可见，后翅近基部也有银色线纹，内外中带为银色或闪紫色曲折线纹，外缘有银色线纹。有些近似西峒黛眼蝶，紫线黛眼蝶和圣母黛眼蝶，但前翅反面没有任何中带或亚基部线纹，后翅反面2,3室眼斑内侧没有黄色晕块。

可在竹林小路上或林中路边见到。分布于福建、江西、四川、云南、西藏、台湾等地。

前翅前角较尖出，后角较钝，前翅略呈钝角三角形，因此易与近似种圣母黛眼蝶，细黛眼蝶和西峒黛眼蝶区分。前翅反面中带为黄色的晕带，亚外缘的眼斑较小，后翅反面近基部有紫色线纹，内外中线呈紫色曲折线纹，外中线外侧有黑色斑晕，2,3室眼斑内侧有黄色斑晕。

可在竹林小路上或林中路边见到。分布于福建、浙江、江西、四川、陕西、贵州等地。

紫线黛眼蝶
Lethe violaceopicta

连纹黛眼蝶
Lethe syrcis

正反面翅色很黄且斑纹简单，仅与李斑黛眼蝶、门左黛眼蝶和珠连黛眼蝶近似。但前翅反面中带近与外缘平行且无眼斑，后翅反面内外中带完整且在下端相连，易与近似种区分。

常见种类且数量较多，可在林中小路上见到。分布于华东、华中、西南等地。

布莱荫眼蝶
Neope bremeri

较近似黄斑荫眼蝶和大斑荫眼蝶（*Neope ramosa*），尤其春型难以区分，但常见的夏型则反面底色较近似种为浅，黑色斑块较小且色泽较淡，前翅反面亚外缘的眼斑多数带清晰的瞳点和较细的黄环。

可在路边见到吸食粪便等，也可在流汁的树上见到。分布于华东、华中、西南等地。

蒙链荫眼蝶
Neope muirheadii

前翅正面棕色近乎无斑或眼斑不带明显的黄色环，反面前后翅一般有清晰的较直的白色带纹，易与其他荫眼蝶区分。

数量较多，常在路边及林间空地见到，也可在流汁的树上见到。分布于南方地区及台湾等地。

大斑荫眼蝶
Neope ramosa

曾长期被当作黄斑荫眼蝶的亚种，但个体明显较大，前翅正面缺少中室端斑，外生殖器也有明显而稳定的区分。

数量不多，可在竹林附近或阴暗的林中路上见到。分布于华东、华中、西南等地。

蓝斑丽眼蝶
Mandarinia regalis

雄蝶前翅有较大的闪蓝宽带，飞行中易于辨认，雌蝶的蓝带较窄。本属另有一种斜带丽眼蝶（*Mandarinia uemurai*），其前翅蓝带较倾斜并侵入中室。两种在四川分布重叠，野外不易辨认。

数量不多，常在隐蔽的路边枝头上停留并有驱逐行为。分布于华东、华中、西南等地。

网眼蝶
Rhaphicera dumicola

很易识别的种类。正面底色黄色，但沿翅脉的黑色斑带和各位置上的纵向黑色带纹很宽，黑色部分多于黄色部分。反面底色略呈黄白色，黑色斑带发达，后翅外缘有橙黄色斑。

偶尔可在林间空地或小路上见到，飞行缓慢。分布于华东、华中、西南等地。

豹眼蝶
Nosea hainanensis

奇特的眼蝶，个体大且翅面遍布豹斑。是近年才由日本人发现并命名的新属新种。原记载仅产于海南，后来在广东、广西及福建都有发现，且产地不少。很奇怪这么大型美丽而且分布并不特别狭窄的种类直到十多年前才被人们发现。

一般仅在较原始的林中见到，较为警觉，雨天停在树上。分布于海南、广西、广东、福建地区。

拟稻眉眼蝶
Mycalesis francisca

前后翅反面底色为深棕或黑棕色，其淡色中带内侧边非常清晰而外侧边呈晕状向外扩散，后翅眼斑列没有共同的外环。据此可与其他种类轻易区分。和其他眉眼蝶一样有季节多型现象，旱季型眼斑趋于退化，有些地理亚种的淡色中线为闪紫色。

为常见眼蝶种类，飞行缓慢。广布于南方各地及台湾地区。

稻眉眼蝶
Mycalesis gotama

前后翅反面底色较黄，色泽明显较其他眉眼蝶为浅，中带白色或淡黄色，较其他种类为宽。后翅眼斑列没有清晰的共同外环。易与其他眉眼蝶区分。

最常见的眉眼蝶，飞行缓慢，常见在灌木间飞行。广布于南方各地及台湾地区。

裴斯眉眼蝶
Mycalesis perseus

与小眉眼蝶、中介眉眼蝶等近似，很难区分，但后翅反面从臀角向前缘数位于第2室内的第3个眼斑不和第1，2个眼斑在一条直线上而是明显偏向翅基。

分布于广东、广西、云南、台湾地区。

僧袈眉眼蝶
Mycalesis sangaica

后翅反面的眼斑列有清晰的共同白色外环，易与稻眉眼蝶和拟稻眉眼蝶区分。后翅反面中带以内的区域有较斑驳的鳞纹，前翅反面第 5 室的眼斑偶尔会消失，若不消失则第 4，5 室的眼斑与第 2 室的大眼斑在一条直线上。

分布于华东、华中、西南、华南等地。

白斑眼蝶
Penthema adelma

大型蝴蝶，翅色黑，前翅有倾斜的宽大白斑带，很容易和其他蝴蝶区分。

南方常见种类，和其他南方眼蝶不同的是该种经常在强烈的日光下活动且飞行有力，速度快而难以捕捉。分布于华东、华中、西南地区。

黄带凤眼蝶
Neorina hilda

较大型的眼蝶，前翅有倾斜的淡色宽带，易与其他蝴蝶区分。与近缘种凤眼蝶的区分在于：个体较小，后翅尾突较不明显，前翅的淡色带为黄色，反面眼斑的黄环清晰。

喜吸食粪便，常在海拔1 800～2 000m的林间小路上看到。目前仅在西藏墨脱发现。

凤眼蝶
Neorina patria

尾突较黄带凤眼蝶长，前翅斜带白色。野外仅可能与白斑眼蝶混淆，但后翅尾突明显且多在阴暗处飞行，易与白斑眼蝶区分。

常在竹林里停栖，或在密林的阴暗处飞翔。分布于四川、云南、广西、西藏地区。

黑纱白眼蝶
Melanargia lugens

与曼丽白眼蝶非常近似，几乎没有稳定的外观特征可以区分，但前翅正面4～6室内的白斑列之内缘和下缘所成角度较大，反面中室内多少都有些黑色斑。

分布于江西、浙江、湖南、安徽等地。

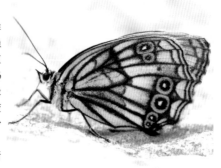

华北白眼蝶
Melanargia epimede

与白眼蝶近似，但底色更为纯白，前翅正面1b室内黑斑发达而亚外缘的白斑较小，反面亚外缘的白色斑块明显较窄。与某些偏白型的曼丽白眼蝶也很近似，但后翅正面中室内多为白色。

分布于东北、华北、西北等地。

白眼蝶
Melanargia halimede

与华北白眼蝶和甘藏白眼蝶近似，但区别明显：后翅反面黑棕色中线明显，亚外缘的白色半月形斑块明显较宽。

分布于东北、华北、西北、华中等地。

山地白眼蝶
Melanargia montana

个体很大，底色纯白，黑色斑纹较少，易与其他白眼蝶区分。

发生期数量很多，多在林区空旷地带缓慢飞行，访花。分布于湖北、贵州、陕西、四川、甘肃地区。

黑眼蝶
Ethope henrici

　　较大型的眼蝶，正反面底色棕黑色，仅外缘，亚外缘和外中域有白色斑列，后翅外中域的白色斑较大，近圆形或椭圆形。易与其他眼蝶区分。

　　分布于海南省。

蛇眼蝶
Minois dryas

　　北方最常见的眼蝶之一。正面底色深棕色，反面底色较浅并散布波状鳞纹，前翅正反面两个眼斑较大且有蓝色瞳点，后翅反面白色中带不很清晰。地理变异较多。

　　飞行缓慢，常在灌木丛或草甸地带见到。分布于华北、东北、西北等地。

资眼蝶
Zipaetis unipupillata

近似奥眼蝶和眉眼蝶的种类，但前翅反面无任何斑纹，后翅反面仅有一列眼斑和紫色的公共外环线，没有任何中带。该种最早由李传隆教授在云南南部发现并命名，近年来证实越南和老挝也有分布。中文名由拉丁属名的发音而来。

曾在云南西双版纳野象谷较暗的林中见到此种停栖在树叶上。分布于云南省。

矍眼蝶
Ypthima baldus

个体较小，后翅反面除臀角有并联的两个小型眼斑外尚有两组眼斑，分别位于第2，3室和第5，6室内，内外两条中带大致走向平行，较底色为深，虽然模糊但能分辨。与分布于华北的阿矍眼蝶（*Ypthima argus*）最为近似，但前翅正反面亚外缘线发达，易于区分。

数量很多，是最常见的矍眼蝶之一。广布于南方各地及台湾地区。

卓瞿眼蝶
Ypthima zodia

近似瞿眼蝶，但后翅反面内外中带之间的底色明显较其他区域为深，形成一个统一的深色宽带。与迈氏瞿眼蝶（*Ypthima melli*）更为近似，但反面后翅上的眼斑明显较大，且主要分布于华东和西南部分地区，但不进入云南。

分布于江苏、浙江、陕西、四川、广西、广东、海南等地。

迈氏瞿眼蝶
Ypthima melli

非常近似卓瞿眼蝶，但反面后翅眼斑退化为微点，后翅反面深色中带与底色对比不强烈。

发生期数量多，甚至农田边缘地带都可见到。分布于云南、重庆地区。

密纹矍眼蝶
Ypthima multistriata

图示为大陆亚种(ssp. *ganus*)。根据最近多位学者的研究,过去在华北都被认成东亚矍眼蝶(*Ypthima motschulskyi*)的种类其实有两种,真正的东亚矍眼蝶前翅反面眼斑下侧的白色鳞纹扩散较小,而另一种其实是密纹矍眼蝶大陆亚种。本种个体变异和地理变异比较丰富,除云南北部的为云南亚种,其反面底色较显棕色外,其他各地的都是大陆亚种。可用于鉴别的特征主要是:前翅正面眼斑的外环退化不清晰,反面白色鳞纹较暗色鳞为发达,整体印象较白。

分布于东北、华北、华中、华南、西南、西北等地。

正面底色橙色,后翅反面底色灰色较多,1b－6室有连续的眼斑列,眼斑内侧的白色中带粗细不均且形状不规则,在第4室内较为发达,易与其他珍眼蝶区分,且地理变异较多。

多在草地见到,飞行缓慢,常随风飘逸。分布于东北、华北、西北、西南等地。

牧女珍眼蝶
Coenonympha amaryllis

英雄珍眼蝶
Coenonympha hero

前后翅反面都有清晰的白色宽带，近乎与外缘平行，后翅反面亚外缘各眼斑的橙色外环近乎愈合成一个共同外环。易与其他珍眼蝶区分。

分布于东北地区。

混同艳眼蝶
Callerebia polyphemus confusa

混同艳眼蝶其实是多斑艳眼蝶的一个亚种，分布于湖北、湖南、重庆、贵州北部，其他亚种则见于福建、江西、四川、云南。本种最近似于大艳眼蝶，但反面后翅的波状鳞纹没有大艳眼蝶那么细密。本种个体大，前翅的眼斑有鲜亮的橙色外环，易与其他眼蝶区分。

发生期数量较多，飞翔缓慢，常在林间开阔地或岩壁上见到。分布于华中、华东、西南等地。

蛱蝶
Nymphs

本手册中的蛱蝶为旧的分类系统中的蛱蝶科（Nymphalidae），按照新的分类系统它们属于蛱蝶科中的除斑蝶、环蝶、眼蝶、珍蝶、喙蝶亚科之外的其他亚科。

蛱蝶种类较多，属小型至中型的蝶种，少数为大型种。色彩丰富，形态各异。蛱蝶成虫的下唇须特别粗壮；触角端部明显加粗；部分种类的中胸特别粗壮发达；前足退化，收缩不用。蛱蝶的翅形丰富多变，属间的差别较大。

我国目前已知蛱蝶 300 余种。

窄斑凤尾蛱蝶
Polyura athamas

前后翅正面多为黑色，仅有较宽的中带为淡绿色，反面斑纹类似。仅与凤尾蛱蝶非常近似，但前翅正面中带颜色以绿色为主，不以白色为主，且后翅中带外缘没有蓝色鳞。

曾见在水边吸水或路边吸食烂水果等，受惊后飞至树上停栖，较为警觉。分布于华南及华东部分地区。

大二尾蛱蝶
Polyura eudamippus

大型蛱蝶，与针尾蛱蝶和忘忧尾蛱蝶较为近似，但前翅正反面中室外沿第 4 脉有一较宽的棒状纹，前翅正面中室外第 4 室基部有一淡色斑块，周围都被黑色隔离，据此可以区分。

分布于南方各地及台湾地区。

二尾蛱蝶
Polyura narcaea

翅面以绿色为主，黑斑较细，后翅正面亚外缘淡色带宽阔且连贯，其内侧为连贯的黑色带，后翅反面黑色的外中带在前缘到第 3 脉之间向外凹陷，亚基带纹在 1c 室内呈直线状且与翅脉平行，据此可与所有尾蛱蝶区分。

数量较多，甚至在绿化较好的居民区也能见到。分布于华北及南方各地及台湾地区。

白带螯蛱蝶
Charaxes bernardus

与螯蛱蝶近似，但前翅正面有宽阔的白色中带，反面底色斑驳，中域底色较其他区域为淡，隐约可见一些淡色斑块连成不规则的带状。

较为常见，飞行迅速，喜停在垃圾或腐烂的水果上吸食。分布于华中、华南、华东、西北等地。

螯蛱蝶
Charaxes marmax

与亚力螯蛱蝶近似，但前翅正面黑边较窄。与花斑螯蛱蝶也近似，但反面底色以棕红色为主，不以黄色为主。

喜在林间开阔地带或阳光充足的地段活动，飞行迅速。分布于华南、西南、华东部分地区。

红锯蛱蝶
Cethosia bibles

雄蝶底色以红色为主，雌蝶则以棕绿色为主。前后翅正反面外缘都有锯齿状纹。与白带锯蛱蝶近似，但前翅没有倾斜的白带。

在热带林区的路边或光线较好的林中都易见到。分布于云南、广东、广西、海南等地。

白带锯蛱蝶
Cethosia cyane

与红锯蛱蝶近似，但前翅正反面都有一条较宽的白色斜带，易于辨认。

在热带林区的路边或光线较好的林中都易见到。分布于云南、广东、广西、海南等地。

雄性

雌性

柳紫闪蛱蝶
Apatura ilia

　　雄蝶正面有紫色闪光，雌蝶底色黑色或棕色，前后翅均有淡色中带。与紫闪蛱蝶的区别在于：后翅中带外缘光滑，没有锲形突出。

　　喜停于树上，追逐过往蝴蝶。分布于东北、华北、华中、华东、西北等地。

曲带闪蛱蝶
Apatura laverna

　　雄蝶正面以黄色为主，雌蝶以黑色为主并有黄色的中带。两性后翅中带呈强烈的S形弯曲，易与其他闪蛱蝶区分。

　　分布于河北、北京、陕西、河南、四川、云南地区。

栗铠蛱蝶
Chitoria subcaerulea

　　雄蝶正反面以橙色为主，近似武铠蛱蝶，但前翅中央黑带退化，仅第2室黑色圆斑清晰可见，且与其他斑块分开。雌蝶后翅中带退化。

　　喜停于树上，追逐过往蝴蝶。也曾见在流汁的树上吸食树汁。分布于浙江、福建、贵州、四川、广西等地。

夜迷蛱蝶
Mimathyma nycteis

　　有些近似某些线蛱蝶属及带蛱蝶属的种类，但前翅中域的白斑列粗细较为均匀，前翅反面中室内多为白色，内有较大的黑色斑点，易于辨认。

　　分布于东北、华北、西北等地区。

迷蛱蝶
Mimathyma chevana

　　正面有些近似夜迷蛱蝶和某些线蛱蝶属及带蛱蝶属的种类，但前翅中室外有两个白斑块近乎与中室纵条相连，后翅反面有大片的银白色。据此可与其他蛱蝶区分。

　　常见于林间空地，喜吸食尿迹，较为警觉。分布于华东、华中、西南等地。

白斑迷蛱蝶
Mimathyma schrenckii

　　大型蛱蝶，易于辨认。正面前翅除前角和后缘附近有较小的白斑外仅在中域有一条倾斜的白带，后翅仅在中域有一个近乎圆形或椭圆形白色斑块，反面后翅有大片的银白色。

　　常在林区路上见到。分布于东北、华北、西北、西南等地。

91

罗蛱蝶
Rohana parisatis

　　小型蛱蝶，雄蝶正面全黑色，反面杂以黑棕色和暗红色，前翅有极细的断裂状白色中线。易于辨认。

　　常见于热带林区的小路上。分布于华南、华东、西南等地。

猫蛱蝶
Timelaea maculata

　　与白裳猫蛱蝶区分在于前翅正面中室内黑斑多于4个，后翅反面亚外缘的黑斑列以内的区域底色都为均匀的黄色或黄白色。

　　分布于华北、华东、华中、西北等地区。

白裳猫蛱蝶
Timelaea albescens

小型蛱蝶，翅面橙色为主，遍布豹斑，与猫蛱蝶近似，但前翅正面中室内仅4个黑斑，后翅反面以外中域的黑色斑列为界，其内侧底色为白色，外侧则为黄色。

飞翔缓慢，常见于林间灌丛，有时停栖在路上。分布于江苏、浙江、湖北、陕西、甘肃、福建、台湾地区。

明窗蛱蝶
Dilipa fenestra

雄蝶正面为带金属光泽的金黄色杂以较少的黑斑，雌蝶底色棕色为主。前翅顶角有半透明的白斑。后翅反面从前缘到臀角有一条向外凹的条纹。易于辨认。

可在北方林缘的空旷地见到，飞翔有力，较为警觉。分布于东北、华北、西北等地。

累积蛱蝶
Lelecella limenitoides

中型蛱蝶，前翅外缘在第5室突出形成一个折角，正面底色以黑色为主并杂以白斑，反面杂以白色和棕灰色，后翅白色中带较发达。

分布于河南、河北、陕西、四川地区。

黄帅蛱蝶
Sephisa princes

雄蝶正面底色杂以黑色和橙黄色，后翅反面色泽较淡。与帅蛱蝶区分点在于：前翅没有白色斜斑列，后翅反面中室内有两个不相连的黑点。

分布于东北、华北、华东、西南等地。

黑脉蛱蝶
Hestina assimilis

　　有多型现象，常见型的翅斑以纵向的黑白条纹为主，后翅亚外缘有一列红斑非常耀眼。淡色型则几乎仅翅脉饰以黑色，后翅红斑消失。

　　常见蛱蝶，飞行迅速，在绿化较好的居民区也常能见到。分布于东北、华北、华中、华东、西南等地。

拟斑脉蛱蝶
Hestina persimilis

　　与黑脉蛱蝶较为近似，区别在于：后翅亚外缘无红斑，前后翅白色斑块较宽或较粗。

　　常见于林区路上。分布于华北、华中、华东、西南地区。

蒺藜纹蛱蝶
Hestinalis nama

本种蝴蝶并不隶属于脉蛱蝶属，因此中名略加修改。与脉蛱蝶属各种的区分明显：前翅4～7室外缘强烈的向外凸出，后翅反面底色以红棕色为主。

数量多，喜在日光充足的林间空地停栖飞行。分布于华南、西南、华东等部分地区。

大紫蛱蝶
Sasakia charonda

大型蛱蝶，雄蝶正面基半区有耀眼的紫蓝色光泽，雌蝶黑棕色，两性后翅臀角处有红斑。

曾见其吸食树汁，或在空旷地停栖吸食垃圾、烂水果等，飞行有力。分布于东北、华北、华中、华东、西南、西北等地。

秀蛱蝶
Pseudergolis wedah

正面底色赭色伴以黑色线纹，反面底色黑棕色。仅与波蛱蝶类似，但前翅正反面前缘仅前角处没有白斑点，后翅臀角较突出，内中线较直，指向近臀角处。

喜在日光强烈的林缘地段活动。分布于陕西、四川、重庆、湖北、云南、西藏地区。

素饰蛱蝶
Stibochiona nicea

雄蝶正面黑色，有蓝色色调，雌蝶色泽较淡且有绿色色调，前翅的亚外缘及后翅的外缘都饰有白斑列，白斑不呈V形，可与电蛱蝶轻易区分。

常在阴暗的林中见到。分布于华中、西南、华东等地。

电蛱蝶
Dichorragia nesimachus

近似素饰蛱蝶，但前后翅亚外缘的白斑为V形，易于识别。与长纹电蛱蝶(*D. nesseus*)最为接近，但亚外缘的白色V形斑明显较短。

可在林区小路上见到，喜吸食粪便等。分布于华中、西南、华东等地。

文蛱蝶
Vindula erota

大型，雄蝶赭红色或赭黄色，雌蝶棕绿色为主，两性都有明显的尾突。易于辨认。

常沿林区的小路可见。分布于华南、华东等地。

珐蛱蝶
Phalanta phalantha

　　中小型蛱蝶，翅面橙红色并杂以黑斑点。有些类似豹蛱蝶的种类，但个体较小且后翅在第4脉有个明显的折角。

　　分布于福建、广东、海南、广西、云南、西藏、台湾地区。

幸运辘蛱蝶
Cirrochroa tyche

　　中型蛱蝶，翅面多为橙红色，黑斑较少，略类似文蛱蝶，但无尾突，易于辨别。反面翅色较暗，前后翅都有一条笔直的淡色中带。

　　分布于广东、海南、福建、广西、云南、西藏地区。

绿豹蛱蝶
Argynnis paphia

雄蝶正面前翅有4条较长的沿翅脉的性标。两性后翅反面底色主要为灰绿色且带金属光泽，亚基域、内中域和外中域各有一条白色带纹。

喜访花。分布于东北、华北、华中、华东、西南地区。

斐豹蛱蝶
Argynnis hyperbius

雄蝶正面底色为鲜艳的橙黄色，无性标。雌蝶前翅有斜白带。两性后翅反面底色斑驳，没有均匀的底色，易与其他豹蛱蝶区分。

常见蝶种。分布于全国（高海拔地区除外）。

老豹蛱蝶
Argynnis laodice

　　雄蝶前翅有两条性标。后翅反面内半区为均匀的黄色。与红老豹蛱蝶区分在于：前翅前角不尖出，正面第3脉上无性标，后翅正面紧挨中室外的黑色斑列呈断裂状不连续，反面的银色斑与底色对比不强烈。

　　分布于东北、西北、华北、华中、华东、西南地区。

云豹蛱蝶
Argynnis anadyomene

　　雄蝶前翅正面仅1条性标。两性反面后翅斑纹模糊，呈云雾状。

　　分布于东北、华北、华中、西南、华东部分地区。

青豹蛱蝶
Argynnis sagana

雌雄极端异型。雄蝶橙黄色，雌蝶青黑色并饰以白色带纹，乍看貌似翠蛱蝶属种类。雄蝶与老豹蛱蝶较近似，但个体较大，前翅较尖，后翅反面亚基线穿过第3脉的基部向臀角延伸。

分布于东北、华北、华中、西南、华东部分地区。

银豹蛱蝶
Argynnis childreni

大型豹蛱蝶，两性正面都为橙黄色，后翅外缘近臀角处都有蓝色区，极易与其他豹蛱蝶区分。

一般在林区路边可见。分布于华中、西南、华东部分地区。

曲纹银豹蛱蝶
Argynnis zenobia

　　大型豹蛱蝶，与银豹蛱蝶区分在于：正面后翅外缘没有青蓝色区，反面后翅亚外缘区的绿色斑较为断裂。

　　分布于河北、北京、山西、河南、山东、陕西、甘肃、四川、云南地区。

灿福豹蛱蝶
Argynnis adippe

　　与福豹蛱蝶及东亚福豹蛱蝶的区别在于：雄蝶前翅正面仅在2，3脉上有发达的性标，两性后翅反面中室端的银斑较长且指向第7室银色亚基斑。地理变异较多，分布于华北、华东和华中地区的是ssp. *vorax* 亚种，后翅反面绿色较少而黄色较多。

　　常见蝶种，城市内及农田附近都可看到。分布于东北、华北、西南、西北地区。

东亚福豹蛱蝶

Argynnis xipe

本种最早在青海发现并命名，但长期以来一直被误认为福豹蛱蝶的亚种。最近的研究表明，新疆以东的中国各地以及俄罗斯远东地区所产的福豹蛱蝶其实都属于东亚福豹蛱蝶，与福豹蛱蝶的区别在于：前翅外缘略内凹且雄外生殖器上有微小但稳定的区别。地理亚种较多，仅中国就有至少5个有效亚种。

分布于东北、华北、西北、西南地区。

珍蛱蝶

Clossiana gong

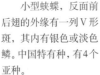

小型蛱蝶，反面前后翅的外缘有一列 V 形斑，其内有银色或淡色鳞。中国特有种，有4个亚种。

常见于草甸地带或林缘开阔地。分布于山西、甘肃、陕西、四川、云南、西藏地区。

西冷珍蛱蝶
Clossiana selenis

后翅反面外缘斑的色泽不均匀，4，5室内的斑杂为红色，其他室内的斑多为黄色；黄色的中室端斑被端脉分割成两半。

分布于辽宁、吉林、黑龙江、新疆、内蒙古地区。

东北珍蛱蝶
Clossiana perryi

本种分布仅限于中国东北及朝鲜半岛，故中名拟为东北珍蛱蝶。与近缘种的区分在于：后翅反面外缘的银色斑非常清晰，1室内的中域白斑内侧平滑，不呈 V 形。

分布于东北地区。

绿裙玳蛱蝶
Tanaecia julii

雄蝶后翅正面外缘有蓝色区，略似尖翅翠蛱蝶和绿裙蛱蝶，但翅形圆润，蓝色区抵达外缘，翅反面有成列的点状黑斑，易于辨认。

分布于华南及华东地区。

黄裙蛱蝶
Cynitia cocytus

原中文名为黄裙翠蛱蝶，因该种所属并非翠蛱蝶，特将其属名 *Cynitia* 的中名拟为裙蛱蝶。前翅前角向外弯出，后翅外缘有大片的白色区。与白裙蛱蝶区分在于：前翅前角弯出的更强烈，后翅外缘的白区更宽。

分布于云南、广西地区。

绿裙蛱蝶
Cynitia whiteheadi niepelti

原中名为绿裙边翠蛱蝶，因属名拟为裙蛱蝶，故该中名为绿裙蛱蝶。本种易与其他蛱蝶区分，其后翅亚外缘有宽阔的绿蓝色带，该绿蓝色带并不抵达外缘。

分布于浙江、福建、广东、海南地区。

鹰翠蛱蝶
Euthalia anosia

前翅前角凸出，外缘在 6 脉处凹陷。正面有模糊的斑纹，雌蝶远大于雄蝶且近前缘中域有清晰的白斑。

常见于热带林缘地带，飞行迅速机警。分布于华南及华东地区。

雄蝶前后翅都近三角形,后翅的前角和臀角尖出,正面近臀角的外缘区有大片的蓝色,易与其他翠蛱蝶区分。雌蝶个体大,翅宽阔,无蓝色区,前翅有一宽阔的斜白带,与其他翠蛱蝶的雌性区分在于:正反面底色以棕色为主,没有绿色色调,且前翅白带非常直。

常见于热带林缘地带。分布于华南及华东地区。

尖翅翠蛱蝶
Euthalia phemius

太平翠蛱蝶
Euthalia pacifica

以前和峨嵋翠蛱蝶(*Euthalia omeia*)及布翠蛱蝶(*Euthalia bunzoi*)一起被作为黄铜翠蛱蝶的亚种,但有生态学的证据表明这些翠蛱蝶都是独立的种。与峨嵋翠蛱蝶和布翠蛱蝶的区别在于雄蝶后翅的黄斑不进入中室,雌蝶前翅的白斑列从前缘开始越往后角越窄,后翅亚外缘的黑线纹较细且非常均匀。

常沿阴暗的林中小路可见,喜栖于路上吸食。分布于华中、华东、西南地区。

嘉翠蛱蝶
Euthalia kardama

大型翠蛱蝶，较为常见，翅宽阔，后翅在4脉突出。前后翅各有一列中域斑呈弧状排列，易与其他翠蛱蝶区分。

常沿阴暗的林间小路飞行，喜吸食树汁和烂水果等。分布于华中、华东、西南地区。

波纹翠蛱蝶
Euthalia undosa

前翅中带近前缘的第1个斑比第2个斑短，近似锯带翠蛱蝶，但前翅第2室白斑没有锯带翠蛱蝶倾斜的厉害。与明带翠蛱蝶的区别在于：中带的外缘较为模糊，尤其在前翅第1b、2室。目前已知有3个亚种，图上的迈氏亚种的中带颜色近乎白色，略带乳黄色调。

分布于四川、重庆、贵州、广东、福建、浙江地区。

锯带翠蛱蝶
Euthalia alpherakyi

与波纹翠蛱蝶的区别在于：前翅第2室白斑倾斜更厉害。与明带翠蛱蝶区别在于：中带的外缘较为模糊，尤其在前翅第1b，2室。已知2个亚种，图上的为东部亚种，中带的颜色近乎白色。

分布于四川、重庆、广西、福建、广东地区。

明带翠蛱蝶
Euthalia yasuyukii

和波纹翠蛱蝶同地发生且很难区别，曾经被德国昆虫学者Mell误认为波纹翠蛱蝶并包括在迈氏亚种的群模中，后经日本学者Yokochi对迈氏亚种选模的指定，明带翠蛱蝶没有被选中，因此成了没有学名的未定种，后经Yoshino根据广西的标本在未经考证的情况下发表为新种，因阴差阳错该学名居然成立。与波纹翠蛱蝶和锯带翠蛱蝶的区别在于：前翅中带的外缘界定的比较清晰，后翅中带外缘不多曲折，雄外生殖器抱握瓣显著较大。

常沿阴暗的林区小路停栖。分布于广西、广东、福建、浙江、安徽地区。

雄性

雌性

小豹律蛱蝶
Lexias pardalis

与黑角律蛱蝶近似，但触角端部为红色。雌雄异型，雄蝶个体较小，翅面近乎全黑仅后翅外中域有闪蓝色的宽带区，雌蝶较大，翅面遍布黄色斑点。

热带林中阴暗处常见其停栖和飞行。分布于华南及华东地区。

蓝豹律蛱蝶
Lexias cyanipardus

雌雄异型。个体大，雄蝶反面底色及雌蝶正面的斑点多为蓝色，易与小豹律蛱蝶和黑角律蛱蝶区分。

热带林中阴暗处偶见其停栖和飞行，较为警觉。分布于华南及华东地区。

玄珠带蛱蝶
Athyma perius

很容易辨认的中型蛱蝶：前翅中室斑断裂显著，反面底色为鲜亮的棕黄色，后翅反面中带内侧的黑边断裂成3段，外侧的黑边仅限于中间一段，亚外缘白斑列伴以清晰的黑点。

热带林区较开阔的地方容易见到。分布于广东、海南、广西、云南、浙江、福建、四川、台湾地区。

红线蛱蝶
Limenitis populi

个体大，前翅中室端斑白色，近与前翅前缘垂直，反面有较多的赭红色斑块，易于辨认。

分布于东北、华北、华中、华东、西北、西南地区。

重眉线蛱蝶
Limenitis amphyssa

与横眉线蛱蝶近似，但前翅正反面中室内有多余的纵向白斑，后翅正面亚外缘淡色带模糊，反面亚外缘带灰色且内有一排黑点，不呈清晰的白带。

分布于东北、华北、华中、华东、西南地区。

横眉线蛱蝶
Limenitis moltrechti

和细线蛱蝶一样前翅正面中室内都无白斑，但区别在于：正面前后翅亚外缘线以外尚有一条外缘线隐约可见，反面后翅中室端斑退化不呈清晰的白色，亚外缘白带清晰。

分布于东北、华北、华中、华东、西南等地。

断眉线蛱蝶
Limenitis doerriesi

与扬眉线蛱蝶最近似，区别在于：前翅中室内的纵向白条明显向上翘，第3室的中域白斑明显较第2室白斑为小，第5室中域白斑一般长于第4室白斑，反面后翅亚外缘的白斑列伴以清晰的黑点。

常见停栖于林区的小路上，喜阳光。分布于东北、华北、西南、华中、华东等地。

扬眉线蛱蝶
Limenitis helmanni

与断眉线蛱蝶近似，但前翅中室内棒状纹较直，前翅第2室斑不明显大于第3室斑，反面后翅亚外缘白斑伴以模糊的灰色斑块。与戟眉线蛱蝶区分在于后翅反面近基部黑斑多为点状，不为线状。

分布于东北、华北、华中、西北、西南、华东等地。

残锷线蛱蝶
Limenitis sulpitia

前翅中室纵条在其上缘有个缺口但并不因此中断，因此可与其他线蛱蝶轻易区分。

常见种类，林区路边数量不少。分布于华中、华东、华南、西南等地。

折线蛱蝶
Limenitis sydyi

前翅正面中室端斑倾斜，中室内近基部有一纵向白斑，可与细线蛱蝶和横眉线蛱蝶区分。较近似重眉线蛱蝶，但正面的白斑较大，反面后翅前缘和外缘都有淡色区。

分布于东北、西北、华北、华东、西南地区。

中华黄葩蛱蝶
Patsuia sinensis

正面底色棕色，前翅中室内有黄斑，中室端部有黄斑，后翅正面中室及其上有一黄色近圆形斑，反面后翅底色以黄色为主，易于辨认。

林区光照较好的路上可见。分布于河北、北京、陕西、山西、河南、山东、甘肃、四川、云南地区。

新月带蛱蝶
Athyma selenophora

近似双色带蛱蝶，但雄蝶前翅顶角无黄斑，近前缘的白斑不相连，雌蝶正面斑色发白，前翅中室内斑纹断裂明显。

分布于华中、华东、西南、华南地区。

雌雄异型，雄蝶前翅正面顶角有一个橙色斑，近前缘的两个白斑相连，无清晰的中室条纹，易与新月带蛱蝶，弧斑带蛱蝶和相思带蛱蝶区分。雌蝶正面的黄斑带宽大，反面底色以棕黄色为主，前翅中室纹无断裂痕迹，易与近缘种区分。

分布于广东、海南、广西、四川、云南、西藏、浙江、福建、台湾地区。

双色带蛱蝶
Athyma cama

相思带蛱蝶
Athyma nefte

雄蝶中小型，雌蝶较大，雄蝶前翅正面中室内有清晰的白色条纹，且呈断裂状，前角附近有橙色斑，雌蝶正面以黄斑为主，中室条纹有断裂痕迹但不断裂。

热带林区路上可见。分布于广东、海南、广西、云南，福建地区。

姹蛱蝶
Chalinga elwesi

　　翅形尖锐，后翅反面和前翅反面近前角处为朱红色，易于辨认。

　　林区光照较好的路上可见。分布于四川、云南地区。

肃蛱蝶
Sumalia daraxa

　　小型蛱蝶。翅形尖锐，后翅臀角尖出。正面底色黑色，仅淡绿色中带可见，后翅臀角有红斑，反面斑纹类似正面，底色较浅，近基部及亚外缘区有模糊的灰色斑块。

　　林区光照充足的开阔地容易见到，常停栖于路上。分布于华南、华东、西南部分地区。

丫纹肃蛱蝶
Sumalia dudu

原中名为丫纹俳蛱蝶，因俳蛱蝶属是肃蛱蝶属的异名，故对属名部分进行更正。前翅正反面的中带白色且近前缘处与近前角的一列白斑相接，呈丫字形。易于辨认。

林区光照充足的开阔地容易见到，常停栖于路上。分布于华南、华东、西南部分地区。

西藏肃蛱蝶
Sumalia zayla

色彩艳丽的蛱蝶，前翅中带宽阔，连续，不在4脉上被切断，后翅中带为白色，易与近缘种彩衣肃蛱蝶区分。因分布地在中国境内以西藏东南为主，故拟中名为西藏肃蛱蝶。

在产地数量较多，喜在林区光照充足的开阔地飞行，停栖。分布于西藏、云南地区。

短带蟠蛱蝶
Pantoporia assamica

原产印度东北的阿萨姆邦，学名由此而来，最近在云南南部被发现。小型蛱蝶，正面带纹为鲜亮的橙色，与近缘种的区分在于：后翅正面外中域的黑色带较短，不通到后翅内缘，其内侧尚有橙色区。中名因其后翅黑色外中带较短而得名。

飞行缓慢，仅在热带林区偶尔可见。分布于云南省。

珂环蛱蝶
Neptis clinia

小型线蛱蝶，近似耶环蛱蝶和小环蛱蝶。前翅中室内白色条纹没有断痕，不同于小环蛱蝶；中室内条纹在反面与中室外锲形斑相连，不同于耶环和小环蛱蝶，在正面与中室外锲形斑隐约相连或略中断但中断区不清晰；中室外的锲形斑较小环蛱蝶为细长。

分布于华中、华东、华南、西南等地。

小 环 蛱 蝶
Neptis sappho

近似中环蛱蝶、耶环蛱蝶和珂环蛱蝶。反面底色没有中环蛱蝶那么黄，条带形斑纹的黑边没有中环蛱蝶发达；前翅中室外锲形斑没有耶环蛱蝶和珂环蛱蝶那么长，中室内条纹多少有断痕，反面底色较耶环蛱蝶为红。

为最常见环蛱蝶，林区路边易见。分布于东北、华北、华南、西南、华东等地。

中 环 蛱 蝶
Neptis hylas

正面白斑较为清晰发达，前翅中室内条纹有中断痕迹，反面底色棕黄色，较小环蛱蝶更黄，后翅各白色斑纹都多少饰以黑边。

林区开阔地易见且数量不少。分布于南方地区及台湾地区。

中大型环蛱蝶，各条纹白色，前翅中室内条纹与中室外锲形纹相连，仅在上缘有一断痕。颇近似卡环蛱蝶，但个体较大且反面后翅近基部的白斑在中室基部和第7室基部，离前缘尚有距离。

林区光照好的地段易见。分布于华中、华东、西北等地区。

断环蛱蝶
Neptis sankara

烟环蛱蝶
Neptis harita

正面底色深棕色，各条纹颜色为烟雾状的淡棕色，不清晰，易与其他环蛱蝶区分。

云南南部的林缘地带可见。分布于云南地区。

前翅中室内条纹与中室外锲形斑融合，第2，3室内的淡色斑略向内侧倾斜，并不垂直于翅脉，并远离中室斑条，据此易于辨认。反面底色以黄色为主，后翅近基部无斑纹。

林中小路上阳光充足的地方可见。分布于浙江、河南、湖北、陕西、四川、云南地区。

羚环蛱蝶
Neptis antilope

矛环蛱蝶
Neptis armandia

中小型蛱蝶，前翅正面第2，3室的淡色斑淡黄色，多为近圆形，不倾斜，易与羚环蛱蝶区分，近前角第5室的淡色斑与第6室的斑分离或勉强相接，易与莲花环蛱蝶区分。

分布于浙江、江西、陕西、四川、云南、西藏地区。

重环蛱蝶
Neptis alwina

中大型环蛱蝶，前翅近前缘有两个较长的白斑列，易与其他环蛱蝶区分。近与德环蛱蝶类似，但后翅中带不被翅脉全部切断。

分布于东北、华北、西南、西北地区。

弥环蛱蝶
Neptis miah

中型环蛱蝶，前翅近前角的橙黄斑列在正面近乎融合，在反面则有些断裂，易与瑙环蛱蝶区分。后翅反面近基部前缘的白色区域并不抵达第8脉，可与阿环蛱蝶和娜巴环蛱蝶区分。

分布于广东、海南、广西、浙江、福建、四川、云南、西藏等地区。

链 环 蛱 蝶
Neptis pryeri

前翅中室内
条斑断裂成一系
列斑块，且近乎于
中带相接形成半
环状。后翅有两列
白斑，易与单环蛱
蝶和五段环蛱蝶
区分。

分布于东北、
华北、华中、西南、
华东地区。

德 环 蛱 蝶
Neptis dejeani

与重环蛱蝶近
似，但后翅的中带被
各翅脉完全切断成
一列斑块。

盛发期数量较
多，高海拔林区的
小路上常见。分布于
云南地区。

娜巴环蛱蝶
Neptis namba

正面底色黑色，斑条较细，呈橙红色，反面底色棕红色，后翅中带为白色，易与其他环蛱蝶区分，但在某些地区发现的个体不易与阿环蛱蝶区分，常仅能靠后翅的缘毛特征进行辨别。

分布于四川、云南、西藏地区。

阿环蛱蝶
Neptis ananta

与娜巴环蛱蝶难以区分，二者分布区广泛重叠，准确的鉴定同时需要产地信息和翅面特征的检验。Bozano（2008）对二者的独立性仍表示质疑。

分布于华中、华东、华南、西南、西藏等地。

玛环蛱蝶
Neptis manasa

前翅中室条纹和中域斑连成环状，正面斑色多为黄色，反面底色以黄色为主，后翅近基部和外缘区域没有复杂的斑纹。易于辨认。

林区光线充足的地方可见。分布于浙江、福建、湖北、云南、西藏地区。

提环蛱蝶
Neptis thisbe

与黄环蛱蝶也较近似，但正面后翅外缘近臀角处有黄色鳞，反面后翅第7室内的亚基斑条断裂，白色中带进入第7室，虽很细小但容易辨认。

分布于东北、华北、西北、西南等地。

与伊洛环蛱蝶难以区分，只能靠前翅翅脉和雄外生殖器进行辨别。也与海环蛱蝶近似，区分在于反面后翅亚外缘的白色条纹不退化，第7室近基部的白色条纹不断裂。

分布于华北、华中、华东、西南等地。

黄环蛱蝶
Neptis themis

蔼菲蛱蝶
Phaedyma aspasia

略似某些环蛱蝶的种类，但个体较大，前翅翅形更尖锐，后翅前缘较平缓，不在未达前角前凸出，雄蝶后翅近前缘有大片的灰色镜区。

分布于四川、云南、西藏地区。

丽蛱蝶
Parthenos sylvia

大型蛱蝶，前翅尖锐，后翅在4脉上折角明显，正面以闪金属绿色为主，前翅有成列的白斑，易于辨认。

林区开阔地易见。分布于云南地区。

网丝蛱蝶
Cyrestis thyodamas

翅面白色或淡黄色，横向线纹较多且发达，与脉纹形成地图状网格，易于辨认。仅与雪白丝蛱蝶近似，但前翅外缘没有很宽的黑边，近前角处没有橙色斑，后翅亚外缘橙色较少，翅面的线纹较不规则。

溪边可见，飞行缓慢。分布于南方地区及台湾地区。

枯叶蛱蝶
Kallima inachus

翅形呈枯叶状，反面斑纹为枯叶状。前翅正面有很宽的红色斜带。易于辨认。

沿林区小路可见，停栖于叶上，也吸食树汁。分布于南方地区及台湾地区。

蓝带枯叶蛱蝶
Kallima alompra

正面斜带为蓝白色，易于辨认。若只从反面看，非常近似枯叶蛱蝶，但与同产地的枯叶蛱蝶相比，前翅前角较为尖出。

林中小路上可见，常停栖于地面或叶面上。在我国仅产于西藏的墨脱县。

幻紫斑蛱蝶
Hypolimnas bolina

较大型的蛱
蝶。正面黑色,有
蓝色金属光泽的
中域斑,反面棕
色。两翅亚外缘
有白色斑列,易于
辨认。

分布于广东、
海南、广西、浙江、
江西、福建、四川、
台湾地区。

金斑蛱蝶
Hypolimnas missipus

雄蝶正面黑色,前
后翅仅有3个白色斑块,
颇似六点带蛱蝶和白斑
线蛱蝶,但后翅白斑明
显较圆较大。雌蝶拟态
金斑蛱蝶,但后翅中室明
显较短且中域仅有一个
黑斑,易于区分。

分布于西北、华东、
华南、西南等地。

荨麻蛱蝶
Aglais urticae

　　小型蛱蝶，翅形近似红蛱蝶属，朱蛱蝶属和孔雀蛱蝶，但前后翅正面的亚外缘有清晰的蓝色斑列，可以轻易区分。

　　分布于东北、华北、西南、西北等地。

小红蛱蝶
Vanessa cardui

　　世界广布种，易于辨认，近似大红蛱蝶但后翅正面中域斑纹复杂，不呈单一的深棕色。

　　最常见的种类，城市内绿化区都可见到。分布于全国各地。

大红蛱蝶
Vanessa indica

后翅正面从基部到亚外缘区为统一的深棕色，无任何斑纹。易于辨认。

绿化较好的地方都可见到。分布于全国各地。

琉璃蛱蝶
Kaniska canace

翅形类似钩蛱蝶属的种类，但正面斑纹简单，以黑色底色和蓝色中带为主，易于辨认。

常见于林区路边，喜停栖于树上，有追逐行为。分布于东北、华北、华东、华中、华南、西南等地。

白钩蛱蝶
Polygonia c-album

与黄钩蛱蝶的区别在于：正面前翅中室内仅两个黑斑，反面后翅中室端部之白色钩纹较为细长。

最普通的蛱蝶，发生季节随处可见。分布于东北、西北、华北、华中、华东、西南等地。

黄钩蛱蝶
Polygonia c-aureum

正面前翅中室内3个黑斑，后翅反面的白色钩纹较粗短。

最普通的蛱蝶。分布于全国各地（海拔高于2 500米的地区除外）。

孔 雀 蛱 蝶
Inachis io

前后翅正面近前角处各有一个类似孔雀尾上眼斑的圆斑。易于辨认。

分布于东北、西北、华北地区。

美 眼 蛱 蝶
Junonia almana

正面橙黄色，前后翅都有大型的孔雀眼斑。季节型差异较大，低温型反面似枯叶状。

分布于南方各地及台湾地区。

135

翠蓝眼蛱蝶
Junonia orithya

雄蝶正面蓝色，雌蝶则多棕色。反面则都为深灰褐色。两性前翅近顶角有一斜带。易于辨认。

喜在日照强的区域飞行停栖。分布于南方各地及台湾地区。

黄裳眼蛱蝶
Junonia hierta

两性前翅中域及后翅外中域正面底色为黄色，后翅正面近前缘有蓝色斑块。反面前翅大部分为黄色。

喜在日照强的区域飞行停栖。分布于南方地区。

蛇眼蛱蝶
Junonia lemonias

两性正面底色褐色，前翅有较多的白色斑块，前后翅中域都有眼斑，反面底色以棕黄色为主，斑纹较为斑驳。后翅翅形不同于其他种，在第4脉尖出。

分布于华南、华东部分地区。

波纹眼蛱蝶
Junonia atlites

两性正面淡灰色，前后翅中域都有成列的小眼斑。

分布于四川、广东、海南、广西、福建、云南、西藏、台湾地区。

钩翅眼蛱蝶
Junonia iphita

两性正面黑褐色，眼斑列模糊。翅形不同于其他种，前翅在6脉尖出并折成直角或锐角，后翅在臀角尖出。易于分辨。

分布于南方各地及台湾地区。

黄豹盛蛱蝶
Symbrenthia brabira

与花豹盛蛱蝶的区分在于：前翅反面1b室近外缘处有一多余的黑斑，后翅反面外中域的金属色斑块及近臀角的亚外缘线略成蓝色，不呈绿色，外中域的蓝色斑块略短。

分布于四川、云南、浙江、福建、台湾地区。

花豹盛蛱蝶
Symbrenthia hypselis

与绿斑盛蛱蝶（*Symbrenthia viridilunulata*）最为近似，但后翅反面外中域的绿色斑块呈子弹头状，其内侧尖锐，不呈长方形状。

分布于四川、广东、海南、广西、福建、云南及西藏地区。

散纹盛蛱蝶
Symbrenthia lilaea

反面底色主要为黄色且无明显的黑斑块，多为模糊的线状纹。易于识别。

分布于南方各地及台湾地区。

布丰绢蛱蝶
Calinaga buphonas

中文名为拉丁名的音译。本种近似大卫绢蛱蝶，但翅色较黑，各斑纹对比较为强烈。分布区不重叠，易于辨认。大卫绢蛱蝶只分布于四川及陕西一带。

飞行优雅缓慢，在阳光充足的林间空地易见，常见其在路上吸水。分布于云南、广西、贵州、重庆、广东、四川地区。

曲纹蜘蛱蝶
Araschnia doris

后翅外缘圆滑，前后翅正反面都有清晰而弯曲的中带，易于辨认。

分布于华中、华东、西南等地。

雄性

蜘蛱蝶
Araschnia levana

雌雄异型明显。雄蝶正面底色橙色为主伴以黑色斑块，顶角近前缘处有清晰的白斑，可与布网蜘蛱蝶和大卫蜘蛱蝶区分。雌蝶正面底色以黑色为主，伴以清晰笔直的白色中带，易与其他种类区分。

分布于东北、华北、西北地区。

雌性

直纹蜘蛱蝶
Araschnia prorsoides

后翅在 4 脉尖出，前后翅正反面都有清晰笔直的中带，易于辨认。

分布于重庆、四川、云南、广西、西藏等地。

兰 网 蛱 蝶
Melitaea bellona

近似黑网蛱蝶，但后翅反面亚基部的白斑练成一条整齐的宽带，不呈断裂状。易于识别。

分布于陕西、四川地区。

斑 网 蛱 蝶
Melitaea didymoides

正面黑边较宽，并紧跟一列清晰离散的黑色亚外缘斑列，易与其他种区分。反面黑斑多呈点状，并不连成线段或线纹。

分布于东北、华北、西北地区。

大网蛱蝶
Melitaea scotosia

比其他网蛱蝶都大，正面外缘黑色，亚外缘的黄色月形纹清晰，雄蝶后中域斑点较少，雌蝶较多。后翅反面黑色短纹多为V形。易于识别。

分布于东北、华北及西北部分地区。

普网蛱蝶
Melitaea protomedia

曾被认为是网蛱蝶的亚种，但最近的研究认为它独立于网蛱蝶。中文名以拉丁学名第一个音节音译为普网蛱蝶。与网蛱蝶的区别在于：正面黑斑较不发达，橙色斑较发达，反面后翅外中域黑色点斑较为发达。正面与某些蜜蛱蝶非常近似，但橙色斑的色泽并不统一，有些较白有些较红，而蜜蛱蝶属的色泽都非常统一；此外本种前翅的横向带纹扭曲较为厉害。

分布于东北、华北、西北部分地区。

中堇蛱蝶
Euphydryas ichnea

原拉丁名 *Euphydiyas intermedia* 为次异名，不再采用。略近似伊堇蛱蝶，但前翅反面没有清晰的红色外中带。翅上斑纹较为规则，各黑色线纹清晰而少曲折，易与蜜蛱蝶属和网蛱蝶属的种类区分。

分布于东北、西北部分地区。

喙蝶
Snout Butterflies

本手册中的喙蝶从属于旧的分类系统中的喙蝶科（Libytheidae），按照新的分类系统它们属于蛱蝶科中的喙蝶亚科（Libytheinae）。

喙蝶的个体多为中小型，成虫的下唇须特别长，可达头长的两倍以上；雄性前足退化，收缩不用；雌性的前足正常。

喙蝶的种类较少，中国记录3种。

朴喙蝶
Libythea celtis

小型蝴蝶，下唇须极长，前翅在5脉尖出并折成锐角，易与其他蝴蝶区分。与棒纹喙蝶的区分在于：前翅中室棒纹不与中域斑融合，有明显的割断或勉强相连，后翅中带较窄，反面前翅近前角的淡色斑呈白色，后翅中带狭窄且非常模糊。

常见其停栖于光照较好的林区路上。分布于华北、华南、华中、西南、华东各地。

棒纹喙蝶
Libythea myrrha

与朴喙蝶极近似，但前翅中室棒状纹与中域斑融合一体，近前角的淡色斑呈黄色。后翅的中带宽阔，即使在反面也容易辨认。

常见其停栖于光照较好的林区路上，较朴喙蝶少见。分布于广东、海南、广西、福建、云南、西藏地区。

珍　蝶
Acraea Butterflies

本手册中的珍蝶从属于旧的分类系统中的珍蝶科（Acraeidae），按照新的分类系统它们属于蛱蝶科中的珍蝶亚科（Acraeinae）。

珍蝶成虫近似斑蝶，因此又有人称之为斑蛱蝶。珍蝶属中小型蝶种。呈褐色或红色，饰有黑、白色彩的斑纹。珍蝶成虫触角端部逐渐加粗，但不明显；前足退化，收缩不用。

我国目前记载珍蝶 2 种。

苎麻珍蝶
Acraea issoria

　　翅形狭长，翅黄色半透明状，飞行缓慢。易于辨认。

　　盛发期数量极多，常见于林区光线好的地段。分布于南方各地及台湾地区。

蚬　　蝶
Metalmarks & Judies

　　本手册中的蚬蝶从属于旧的分类系统中的蚬蝶科（Riodinidae），按照新的分类系统它们属于灰蝶科中的蚬蝶亚科（Riodininae）。

　　蚬蝶多为小型美丽的蝴蝶，以红、褐、黑色为主，饰有白色斑纹，且两翅正反面的颜色及斑纹对应相似。蚬蝶科成虫的触角具多数白环，头小，复眼与触角接触处有凹缺；雄性前足退化，收缩不用；雌性前足正常，下唇须短。

　　我国已知蚬蝶 30 余种。

豹 蚬 蝶
Takashia nana

　　很特别的蚬蝶，翅面斑纹类似猫蛱蝶，早期曾被作为猫蛱蝶属的种类，但个体小，正反面各翅面的底色均匀，极易辨认。

　　分布于陕西、四川地区。

白带褐蚬蝶
Abisara fylloides

前翅有淡色斜带，后翅无尾突，近似于黄带褐蚬蝶，但个体较小，且正反面前翅近顶角都无白色斑点，易于识别。

林中阴暗处可见。分布于华中、华东、西南地区。

长尾褐蚬蝶
Abisara chelina

一直被作为（*Abisara neophron*）的亚种，但最近的研究表明两者是独立的种类。前翅有淡色斜带，后翅有明显的尾突。易于识别。

林中阴暗处可见。分布于福建、广西、广东、海南、云南、西藏地区。

白点褐蚬蝶
Abisara burnii

　　正反面底色以棕红色为主，后翅外缘圆滑，反面白色斑点较多，易与近缘种识别。
　　林中阴暗处偶见。分布于南方各地及台湾地区。

蛇目褐蚬蝶
Abisara echerius

　　后翅在4脉突出，前后翅正反面底色以红色为主，没有清晰的白斑，仅有模糊的横向弧状白色条纹。
　　分布于浙江、福建、广东、海南、广西、云南地区。

暗蚬蝶
Paralaxita dora

有点类似白点褐蚬蝶，但底色明显较暗，后翅的前角附近没有清晰的黑色斑，反面的白色斑点较多。

林中阴暗处偶见。分布于海南省。

波蚬蝶
Zemeros flegyas

正反面底色以棕红色为主，密布白色点斑，极易识别。

最常见的蚬蝶，林区路上随处可见。分布于南方各地。

红秃尾蚬蝶
Dodona adonira

后翅臀角有耳垂状突出且分叉，但并不延长形成明显的尾，与秃尾蚬蝶近似。正面红色斑颜色统一，颇似无尾蚬蝶，但斑纹为黑红相间的横向带纹，并非散立的斑块。反面底色黄色为主，伴以横向清晰的黑线纹，易与其他蚬蝶区分。

常见于日光充足的林区空地或小路上。分布于云南、西藏地区。

秃尾蚬蝶
Dodona dipoea

后翅臀角仅为耳垂状突起且分叉，并不形成明显的尾，据此可与近似种类银纹尾蚬蝶区分。更近似于俄国人近年在越南发现的新种：宽带秃尾蚬蝶 *Dodona katerina*（《中国蝶类志》上鉴定为秃尾蚬蝶的应是宽带秃尾蚬蝶），但反面后翅的中带中断且较细，不呈连贯的宽带状。

分布于四川、云南、西藏地区。

无尾蚬蝶
Dodona durga

体形较其他尾蚬蝶属种类为小,前翅外缘圆弧状,后翅宽短,臀角处的突起不明显。正面的红色斑色泽统一,但呈分立的块状,反面斑纹类似折光面,仅后翅中带略呈银色。易于识别。

光照好的林中空地易见,云南北部城市里的绿化带都常可见到。分布于云南、四川地区。

银纹尾蚬蝶
Dodona eugenes

后翅臀角处耳垂状突起的上分支延长形成明显的尾,与彩斑尾蚬蝶和大斑尾蚬蝶较近似,区别在于:正面的红色斑明显较小且呈棕灰色,前翅仅前角的斑色较白,其内侧斑较红,但呈逐渐过渡状,色泽上不呈鲜明对比,后翅反面的银色条纹较窄。

分布于云南、西藏、台湾地区。

彩斑尾蚬蝶
Dodona maculosa

曾被作为银纹尾蚬蝶的亚种,但生殖器有显著差别,应被承认为独立种。与银纹尾蚬蝶的区别在于:正面除橙色斑较鲜亮,不呈棕灰色,且斑块一般较大,前翅仅前角的淡色斑为纯白色,与其内侧的橙色斑对比明显,色泽不呈过渡状。与大斑尾蚬蝶的区别在于正面前翅仅前角的斑色不是红色。

分布于华中、华东、西南、华南的部分地区。

灰 蝶
Blues & Coppers

本手册中的灰蝶为旧的分类系统中的灰蝶科(Lycaenidae),按照新的分类系统它们属于灰蝶科中的除蚬蝶亚科之外的其他亚科。

灰蝶属小型蝶种,翅正面可有各种色彩但少有复杂斑纹,部分种类翅表面具有灿烂耀目的紫、蓝、绿等金属光泽,且两翅正反面的颜色及斑纹截然不同,反面的颜色丰富多彩,斑纹变化也很多样。灰蝶科成虫的触角具多数白环;雌蝶前足正常,雄蝶偶有跗节及爪退化。

我国已知灰蝶500余种。

尖翅银灰蝶
Curetis acuta

个体较其他银灰蝶为大，翅形一般较为尖锐，后翅臀角突出明显。雌雄异型，雄正面为橙红色斑，雌为白斑。季节分型明显，区别在于翅形和红斑的大小。

分布于华南、华中、华东、西南等地区。

羊毛云灰蝶
Miletus mallus

本种易与中华云灰蝶混淆，区分在于：雄蝶前翅正面第4脉不膨大，雌蝶前翅正面3，4，5室的白斑外缘略直，并不呈弧状弯曲。

常见于亚热带雨林中。分布于云南、广西、海南等地。

蚜灰蝶
Taraka hamada

正面黑色,反面底色白色,密布黑色斑点,极易识别。最近日本学者在四川发现一蚜灰蝶属的新种:白斑蚜灰蝶(*Taraka shiloi*),本种和白斑蚜灰蝶的区别在于正面底色全黑,没有白色区,反面翅缘的黑线沿翅脉向内有黑斑。

分布于南方地区及台湾地区。

癞灰蝶
Araragi enthea

较近似杉山癞灰蝶,但反面前翅近基部的黑斑发达,中室外的黑斑和近前缘的黑斑分离较远,不连成线。

分布于东北、华北、华中、华东、西南等地。

塔艳灰蝶
Favonius taxila

中文名由拉丁名音译来。雄蝶正面金属绿色，雌蝶黑棕色；反面底色为灰色而中带为白色且较细，中室端斑不显。与东方艳灰蝶（*F. orientalis*）略近似，但反面中室端斑不显，易于区分。也与克氏艳灰蝶（*F. korshunovi*）近似，但反面白色中带不扭曲，而呈直线状。

分布于东北、华北、西北部分地区。

苹果何华灰蝶
Howarthia melli

雌雄同型，正面底色黑色，仅前翅中域有大片蓝色区，反面以鲜亮的棕黄色为主，伴以白色中线和亚外缘线。与陈氏何华灰蝶最近似，但正面无红色斑，反面白色外缘线发达且后翅中线与亚外缘线之间有白色V型纹隐约可见。

分布于广东、广西地区。

诗灰蝶
Shirozua jonasi

　　正反面底色橙色为主，斑纹简单，仅反面有中室端斑和较细的棕色中带可见。仅与华中诗灰蝶（*S. melpomene*）近似，但后翅正面臀角处的外缘缘毛不为黑色，近臀角的第2室内无黑斑。

　　分布于东北、华北、西北的部分地区。

　　雄蝶正面黑色，雌蝶前翅有红色弧形宽带，有的亚种红色区发达。反面底色橙黄色为主，后翅有内外两条银色中线。与云南线灰蝶（*T. ohyai*）的区分在于后翅反面底色上不散布白色鳞，内外中线为银色。与桦小线灰蝶区别在于反面没有完整的红色亚外缘条纹。

　　分布于东北、华北、西南等地。

线 灰 蝶
Thecla betulae

赭灰蝶
Ussuriana michaelis

照片上是华东亚种 ssp. *okamaensis*。本种和范氏赭灰蝶（*U. fani*）非常近似，但雄蝶正面后翅无黄色，两性反面后翅的外中域银色斑较少愈合。对产于浙江、福建、广东和台湾的亚种是否是独立种目前还有疑问，最近的文献还是倾向于作为赭灰蝶的亚种。

分布于东北、华北、西北、西南、华东、华南等地。

斜线华灰蝶
Wagimo asanoi

本种是最近发表的新种，与华灰蝶非常近似，其标本早被国人采到但都误认为华灰蝶。区别在于：前翅反面第2室内亚外缘斑内无红色鳞，1b室内最内侧的白色线纹倾斜厉害，指向中室内的白线纹。中文名因前翅反面白色线纹倾斜而得。

发生季节在林区路边光照好的地段不难见到。分布于浙江、四川地区。

虎灰蝶
Yamamotozephyrus kwangtungensis

雄蝶正面蓝色为主，雌蝶褐色，反面有黑白相间的横向条纹，易于识别。

林区路边常见其低飞飘过，有时在路边灌木丛上可见，偶尔在树上停栖。分布于广东、福建、广西、海南地区。

丫灰蝶
Amblopala avidiena

后翅后角突出较长呈棒状，后翅反面有丫形白色斑纹。雌雄正面都有闪蓝色区，近前角处有红斑。易于识别。

早春常见其停栖在树上，有追逐行为。分布于山东、河南、陕西、江苏、浙江、福建、云南及台湾地区。

159

鹿灰蝶
Loxura atymnus

正反面橙色为主，后翅有极长的尾突，类似桠灰蝶属种类，但前翅外缘平直，正面除前翅顶角外别无黑斑，易于识别。

热带林区边缘常见。分布于广东、广西、福建、海南、云南地区。

豆粒银线灰蝶
Spindasis syama

与其他银线灰蝶属种类的区分在于：后翅反面1室内的亚基部斑点不与其上侧的其他亚基斑融合，也不沿翅脉向外缘扩散伸展。其他重要特征有：前翅反面基斑不到前缘。

分布于广东、广西、福建、海南、云南、四川、浙江、台湾地区。

银线灰蝶
Spindasis lohita

易与豆粒银线灰蝶区分：后翅反面1室内的亚基部斑点与上侧的其他亚基斑融合成条纹并沿翅脉向外延伸。与黎氏银线灰蝶（*S. leechi*）的区分在于：前翅反面基部斑抵达前缘。与粗纹银线灰蝶区分在于：反面的条纹较细且其内的银色部分较宽。

分布于广东、广西、福建、海南、云南、台湾地区。

粗纹银线灰蝶
Spindasis mishimiensis

颇近似银线灰蝶，但个体一般较大，翅较宽阔，反面的银线纹黑色部分显著较粗而黑色条纹之间的黄色区域较窄。常被误认为银线灰蝶。

分布于华中、华东、西南等地。

生灰蝶
Sinthusa chandrana

个体小，雄蝶正面浓蓝紫色，雌蝶正面棕色且前翅中域有淡色区。翅反面易与蒲灰蝶类混淆，但后翅仅一尾突。

常见于林区路边植物的叶上。分布于华东、华南、西南等地。

豹斑双尾灰蝶
Tajuria maculata

后翅两个尾突，前后翅反面底色白色，所有斑纹都为黑色斑块，易与其他双尾灰蝶区分。

分布于广东、广西、福建、海南、云南地区。

双尾灰蝶
Tajuria cippus

　　与其他国产双尾灰蝶区分在于：反面的中线较为断裂，不甚连贯，后翅臀角的红斑明显较大。

　　分布于广东、广西、福建、海南、云南地区。

珍灰蝶
Zeltus amasa

　　后翅两个白色尾突，其中内侧一个极长，近与后翅等长。正面黑色带蓝色区，反面底色以黄色和白色为主。极易识别。

　　热带林中常见，飞行飘逸。分布于广东、广西、福建、海南、云南地区。

蓝燕灰蝶
Rapala caerulea

　　反面底色淡黄灰色或淡棕黄色，中室端斑及中带都较宽，两侧都饰以黑线。易于识别。

　　北方常见于草甸上或林区开阔地。分布于东北、华北、西南、华东地区。

东亚燕灰蝶
Rapala micans

　　常被误定为霓纱燕灰蝶，但分布范围不同且生殖器有显著区分。主要分布于除西北和西藏外的中国大部分地区。而霓纱燕灰蝶至今仅在西藏东南和云南西北发现过。与其他燕灰蝶易于区分：雄蝶正面闪金属蓝色，反面底色淡褐色，中线暗灰褐色并在外侧镶以白线。

　　分布于东北、华北、华中、华南、西南、华东地区。

暗翅燕灰蝶
Rapala subpurpurea

易被误认为东亚燕灰蝶和霓纱燕灰蝶，但生殖器显著不同。三者在云南西北分布重叠。外观上可与东亚燕灰蝶区分的特征为：雄蝶正面暗蓝黑色，虽有蓝色色调但决不闪光，反面底色略黄，而东亚燕灰蝶较为灰色。

分布于云南省。

刺痣洒灰蝶
Satyrium latior

本种长期被认为是欧洲产 *S. spini* 的亚种，但最近的研究表明，*S. latior* 是独立种，分布于俄国远东和我国的华北、东北地区。本种的鉴别特征为：前翅反面无任何亚外缘斑，后翅反面黑色亚外缘斑显著，中线白色且较宽。易于识别。

分布于华北、东北地区。

离纹洒灰蝶
Satyrium w-album

雌蝶后翅第3脉突出明显，形成一极短的第二尾突，因此容易与近似种区分，但却因此非常近似于优秀洒灰蝶。但后翅反面中线近臀角的部分并不抵达臀角斑，尤其在2脉上尚远离臀角斑，凭此特征易与优秀洒灰蝶和一些外观极近似的种类区分。中名缘自后翅反面 W 形的线纹较远离臀角斑。

分布于东北、华北地区。

红灰蝶
Lycaena phlaeas

北方最常见的灰蝶之一，雌雄同型。前翅正面红色为主伴以黑斑点和黑边，后翅正面黑色为主伴以红边。反面底色以红色和灰色为主。略近似橙灰蝶的雌蝶，但前翅中域的黑斑不成列且个体明显较小。易于区分。

分布于东北、华北、西北、西南等地。

橙灰蝶
Lycaena dispar

雄性

雌性

雌雄异型。雄蝶正面前后翅都为橙色无黑斑，雌蝶正面前翅有黑斑，后翅几乎全黑色仅亚外缘带为红色。雄蝶易于辨认，而雌蝶颇类似昙梦灰蝶和拟昙梦灰蝶（*L.violacea*），但反面前翅仅有一列亚外缘的黑色斑点。

分布于东北、华北、西北地区。

古铜彩灰蝶
Heliophorus brahma

雄蝶正面为闪金属光泽的铜红色，有时略显铜绿色。易与其他灰蝶区分。但仅从反面则较难与其他彩灰蝶区分。

林区中日照强烈的地段容易见到。分布于云南、西藏、福建地区。

西藏彩灰蝶
Heliophorus gloria

　　雄蝶正面闪金属蓝色，色泽颇似莎菲彩灰蝶，但翅形不同：前翅较尖锐，后翅较长，而且分布不重叠，易于分辨，本种只产西藏东南部。也较近似美男彩灰蝶，但雄蝶正面色调更显蓝紫色，而少绿蓝色。

　　阳光充足的空地上容易见到，常停栖于灌木上。分布于西藏地区。

莎菲彩灰蝶
Heliophorus saphir

　　翅形和色泽最近似莎罗彩灰蝶，但雄蝶正面的闪金属蓝色略显蓝紫色调，且分布不重叠，本种只产于华中地区和四川，并不见于云南，而莎罗彩灰蝶只分布在云南北部。与美男彩灰蝶和西藏彩灰蝶的区别在于：翅形较圆润宽短，且分布区不同。

　　分布于华中、西南地区。

美男彩灰蝶
Heliophorus androcles

颇近似西藏彩灰蝶，但雄蝶正面的金属蓝色更亮丽，多蓝绿色色调而少蓝紫色色调。翅形较莎菲彩灰蝶和莎罗彩灰蝶略长，分布区不与之重叠。

分布于云南、西藏地区。

黑灰蝶
Niphanda fusca

雌雄异型。雄正面有暗蓝紫色闪光，雌蝶暗褐色。反面底色灰色或棕灰色，遍布暗褐色斑点和斑块。

分布于东北、华北、华中、西南地区。

169

曲纹拓灰蝶
Caleta roxus

　　黑白斑为主的小灰蝶，容易识别，但易与檗灰蝶、豹灰蝶混淆。区分在于：前后翅反面近基部都仅有一个融合的黑斑，而不呈多个分立的黑斑。

　　分布于广东、海南、广西、福建、云南地区。

豹灰蝶
Castalius rosimon

　　与曲纹拓灰蝶和檗灰蝶的区别明显：正面底色白色为主并有多个黑斑，反面黑斑较多，且都是散立的黑色豹斑，没有较长的线段状黑斑。

　　分布于广东、海南、广西、福建、云南地区。

细 灰 蝶
Syntarucus plinius

雌雄异型，雄蝶正面紫蓝色且仅有很细的黑边，雌蝶正面中域灰白色并有较大的黑斑点。两性反面的黑白斑斑形独特，极易识别，没有容易混淆的近似种。

分布于广东、海南、广西、福建、云南、台湾地区。

雅 灰 蝶
Jamides bochus

正面闪金属紫蓝色，反面褐色并有多条横向的波状线纹。

分布于南方各地及台湾地区。

咖灰蝶
Catochrysops strabo

雄蝶正面浅蓝紫色，雌蝶前翅前缘和外缘有褐色区。反面后翅近前缘有两个清晰的黑色斑点。近似蓝咖灰蝶，极难区分，但正面底色多紫色色调，而少蓝色和白色色调。

分布于广东、海南、广西、福建、云南、西藏、台湾地区。

亮灰蝶
Lampides boeticus

反面密布平行的横向的棕黄色波状线纹，极易识别。为最广布的灰蝶，城市里常可见到。

分布于全国各地。

酢浆灰蝶
Pseudozizeeria maha

地理变异较多，季节变异也较大，个体较小，无尾突，眼有毛，反面底色多为灰白色，棕灰色或棕黄色，后翅中域斑列呈均匀的弧形弯曲。与吉灰蝶较近似，但个体大，正面蓝色较浅，眼有毛。

分布于全国各地。

毛 眼 灰 蝶
Zizina otis

近似长腹灰蝶，但眼有毛且前翅反面前缘无黑斑。与酢浆灰蝶颇近似，但后翅反面近前缘的两个中域斑不与其下侧的中域斑连成弧线。

分布于福建、四川、广东、海南、广西、云南、台湾地区。

蓝灰蝶
Everes argiades

　　小型灰蝶，有尾突，反面底色灰白色为主，斑点较小，后翅近臀角有红斑。与长尾蓝灰蝶的区别为反面的黑斑点色泽均匀统一。

　　分布于全国大部分地区。

点玄灰蝶
Tongeia filicaudis

　　雌雄同型，正面底色都为黑色。反面前翅中室端斑内侧有黑点，易与其他玄灰蝶区分。

　　分布于华中、华北、西南、华东地区。

玄 灰 蝶
Tongeia fischeri

雌雄同型，正面底色都为黑色。与点玄灰蝶近似但中室端斑内侧无黑点。与海南玄灰蝶区别在于：前翅反面亚外缘斑列内侧的黑斑较发达且呈方形。

分布于东北、华北、华中、华东地区。

波 太 玄 灰 蝶
Tongeia potanini

反面中域斑列连成几段带形，后翅第1翅室基部无黑点，极易识别。

常见于滴水的岩壁附近。分布于华东、西南、华中地区。

钮灰蝶

Acytolepis puspa

可用于识别的翅面特征：反面斑点显著较大且色泽不均匀统一，有的黑色有的褐色，前翅反面4室内的中域斑倾斜厉害。

分布于南方地区及台湾地区。

珍贵妩灰蝶

Udara dilecta

近似琉璃灰蝶属的种类，但雄蝶正面翅色偏紫色，且中域的白色区明显，雌雄两性反面的底色较为偏蓝白色，各斑点多偏线段状而非圆点状。

喜群聚水边吸水。分布于广东、海南、广西、福建、云南、重庆、四川、西藏、台湾地区。

近似珍贵妩灰蝶,但正面白色区较广,反面亚缘斑较退化。

白斑妩灰蝶
Udara albocaerulea

分布于广东、海南、广西、福建、云南、四川、西藏、台湾地区。

琉璃灰蝶
Celastrina argiolus

为该属中分布最广的种类,雄正面灰蓝色,雌蝶则有很宽的黑边,反面底色灰白色,斑点黑色或灰色,各斑的色泽不均匀统一。与妩灰蝶属的区别在于正面无白色区,反面底色较灰且亚外缘斑不甚清晰。

分布于东北、华北、华中、华东、西南地区。

大紫琉璃灰蝶
Celastrina oreas

极近似琉璃灰蝶，但个体较大，正面底色较深，反面各黑斑形状较偏圆形而少线段状，各斑的色泽比较均匀统一，尤其各亚外缘斑的色泽较为统一。

分布于四川、云南、西藏、浙江、福建、台湾、河北等地。

一点灰蝶
Neopithecops zalmora

反面后翅前角处有一个大黑点，其他斑不明显，故容易识别。但与丸灰蝶属种类颇近似，区别在于：反面前翅近前缘处无黑点，亚外缘线不呈棕黄色。

分布于浙江、福建、广东、海南、广西、云南、台湾地区。

靛灰蝶
Caerulea coeligena

个体大，雄蝶正面亮青蓝色为主，两性反面底色棕色，前翅2, 3室内的黑斑非常大，极易与其他属灰蝶区分。与同属的珂靛灰蝶（*C. coelestis*）的区别在于：雄蝶正面底色较灰暗，不够亮丽，反面前后翅的亚外缘斑明显，不退化。

分布于河南、陕西、湖北、四川、云南地区。

胡麻霾灰蝶
Maculinea teleius

最近似东北霾灰蝶（*M. alcon*），但前翅反面中域的前3个斑排列方向指向前翅后角，并不极端倾斜。易与其他霾灰蝶属种类区分：翅反面底色为较暗的棕灰色，无大片的金属色区，前后翅中域的黑点列清晰而大小均匀。

分布于东北、华北、西北等地。

珞 灰 蝶
Scolitantides orion

正面黑色为主，亚外缘有蓝色纹，反面底色灰白，遍布黑色斑点，后翅亚外缘斑列和外中域斑列之间有橙色带。

分布于西北、东北、华北、华中、华东地区。

中 华 爱 灰 蝶
Aricia chinensis

两性正面都以黑棕色为主，反面前后翅均有较宽的橙色亚外缘斑，比其他爱灰蝶属种类要宽很多，其中后翅斑没有闪金属光泽的瞳点，因此易与豆灰蝶属种类区分。前翅反面中室端斑以内并无斑点，且亚外缘的橙斑非常宽，据此可与眼灰蝶种类区分。

分布于东北、华北地区。

曲纹紫灰蝶
Chilades pandava

雄性

雄蝶正面紫蓝色，黑边窄，雌蝶棕色为主。反面淡棕色，斑纹略近似咖灰蝶属，但后翅除了近前缘有两个黑点外，近基部也有清晰的黑点，易于识别。

为害苏铁，并随之传播到各地。分布于台湾及广东、福建、浙江、上海等沿海各省市。

雌性

多眼灰蝶
Polyommatus erotides

国产的这种眼灰蝶曾被误认为 *P. eros* 的亚种，但 *P. eros* 并不分布到中国境内，故将中名换用在 *P. erotides* 上。本种原产蒙古。雄蝶正面为带绿色光泽的亮蓝色，容易和近缘种区分。但反面斑纹不易区分近似种，个体变异较大，底色可从灰白色到棕色。

分布于东北、华北、西南、西北地区。

红珠豆灰蝶
Plebejus argyrognomon

雄性

雌性

最近的属级分类研究支持红珠灰蝶属为豆灰蝶属的异名。故将中名改为红珠豆灰蝶。雄蝶正面蓝紫色带较细的黑边，雌蝶正面以黑棕色为主。两性后翅反面亚外缘的橙色斑中可见金属光泽的瞳点。本种学名尚存争议及疑点，因整个远东地区包括中国北方存在大量类似该种的地理类型，有些俄罗斯学者已经将其拆分为多个近缘种，但并无令人信服的足够证据支持这种分种方案。

分布于东北、华北、西北等地。

弄　蝶
Skippers

本手册中的弄蝶在新旧分类系统中都属于弄蝶科（Hesperiidae）。

弄蝶种类较多。成虫属小型蝴蝶，外观朴素并不华丽耀眼，和其他科蝴蝶的亲缘关系较远。弄蝶成虫的触角端部常呈尖钩状；雌雄成虫的前足均正常。

根据记载，我国已知弄蝶200余种。

雕形伞弄蝶
Burara aquilina

身体粗壮，后翅反面为均匀的棕色，无任何斑纹，易于识别。

四川青城山数量较多，沿山路经常可见。分布于东北、西北、西南地区。

白伞弄蝶
Burara gomata

翅反面淡绿色，沿翅脉有深色纵纹，但后翅中室内无斑纹。极易识别。

野外不易见。分布于浙江、福建、广东、四川、云南地区。

橙翅伞弄蝶
Burara jaina

　　翅反面以棕红色为主，遍布灰色纵向线纹。在野外不易与黑斑伞弄蝶区分。雄蝶正面前翅近基部没有黑斑伞弄蝶那么显著的大块黑色性标。

　　在西藏墨脱较为常见，一般沿阴暗的山路可见。分布于西藏、台湾地区。

绿伞弄蝶
Burara striata

　　后翅反面底色绿色为主，密布纵向的黑色线纹，易与其他弄蝶区分，但不与大伞弄蝶区分。与大伞弄蝶的区别在于雄蝶前翅正面性标沿翅脉较为显著。

　　常在清晨山路上遇见。分布于华中、华东、西南地区。

无趾弄蝶
Hasora anura

翅形长，后翅反面暗棕色，但有绿色或紫色光泽，仅中室内和臀角处各有一清晰白斑，其他斑纹模糊。

发生期数量很多。广布于南方各地及台湾地区。

双带弄蝶
Lobocla bifasciata

前翅白色带较宽，但并不愈合，各斑之间有黑色脉纹分割，第3室白斑一般不到达3室基部，但偶有个体会填满3室基部，极近似于黄带弄蝶，但白斑间有脉纹相隔，易于分辨。

分布于华北、东北、华南、西南、华东、华中各地。

斑星弄蝶
Celaenorrhinus maculosa

前翅正面近基部有一白斑，中域的白斑距离较近但不连成带状，3室斑离2室斑和中室端斑较近，后翅正面黄斑发达，反面近基部有放射状黄色斑。

最常见的星弄蝶，林中易见。分布于华中、华东、西南地区。

白角星弄蝶
Celaenorrhinus victor

本种为中国新记录种，也是2003年刚由俄罗斯弄蝶专家Devyatkin在越南发现的新种。与 *C. patula* 非常近似，但本种多数标本前翅1室内亚基部有一个白斑，前翅第2室内的白斑与中室端斑的重叠部分经常只占2室白斑上缘的一半，而 *C. patula* 则总是多于一半。与其他种类易于区分，触角正面全白色。

分布于贵州省。

深山珠弄蝶
Erynnis montanus

个体较珠弄蝶大，后翅正面亚外缘和外中域的黄斑列完整，易于区别。前翅正面棕色伴以灰色云雾状斑，易与其他弄蝶区分。

分布于东北、西北、华北、华中、华东、西南地区。

白弄蝶
Abraximorpha davidii

前后翅正反面底色白色，伴以黑豹斑点，易于识别。与近缘种黑脉白弄蝶的区别在于：白色区域的翅脉颜色为白色，并不饰以黑色。

分布于华中、华南、华东、西南地区。

黄襟弄蝶
Pseudocoladenia dan

　　与大襟弄蝶极近似且在华东同地分布，区别在于：个体小，前翅中室斑以上的前缘斑长度较短。

　　分布于广东、海南、广西、云南、浙江、福建、安徽、台湾地区。

大襟弄蝶
Pseudocoladenia dea decora

　　因和黄襟弄蝶同地分布，且雌雄外生殖器都有稳定的区分，现已被提升为种，分为两个亚种，指名亚种产四川，个体较大，华中亚种产华中及华东地区，正面后翅的黄色区较广。

　　分布于华中、华东、西南地区。

黑弄蝶
Daimio tethys

与捷弄蝶有点近似，但前翅白色中室端斑非常大，贯穿整个中室。

林区路边常见，有时停栖地面，有时停栖于灌木上。分布于东北、华北、华东、西南、华南地区。

匪夷捷弄蝶
Gerosis phisara

与中华捷弄蝶极为近似，不易区分。区分点在于：腹部各节饰以白环，前翅中室端斑较小，后翅白色中带内近前缘处有一黑斑较为明显且独立。

广布于南方地区。

飒弄蝶
Satarupa gopala

大型弄蝶，易与其他属弄蝶区分。与蛱型飒弄蝶最近似，但后翅正面近前缘的黑斑较为独立，其外侧隐约可见白色鳞，后翅反面外中域的黑斑列之间有白色鳞隔开。

分布于东北、华北、华中、华东、西南、华南地区。

蛱型飒弄蝶
Satarupa nymphalis

与飒弄蝶区分在于：后翅正面近前缘的黑斑近乎融合于外侧黑边，后翅反面外中域的黑斑列之间无白色鳞分割。与其他飒弄蝶属种类区别在于：前翅中室端斑显著小于第2室的白斑。

分布于东北、西南地区。

密纹飒弄蝶
Satarupa monbeigi

与台湾飒弄蝶近似，但后翅的外中域黑斑与宽阔的黑边近乎融合。与其他飒弄蝶区分在于：前翅中室端斑较大，且距离2, 3室白斑很近。

分布于西南、华中、华东地区。

西藏飒弄蝶
Satarupa zulla

中室端斑小，因此近似飒弄蝶和狭型飒弄蝶，但前翅1b室的白斑与2室白斑等宽或更宽，据此可与二者区别。

分布于西藏、云南地区。

白边裙弄蝶
Tagiades gana

翅棕色为主，一般较其他裙弄蝶色泽为浅。反面后翅外缘区有大片的白色，经常扩及中域和基部。前翅一般仅前角附近有 3 个白斑点。易于识别。

分布于广东、海南、广西、福建、云南、湖北地区。

黑边裙弄蝶
Tagiades menaka

前翅中室内仅上半区有一个白点，因此可与滚边裙弄蝶区分。后翅白色区域内第 1 室有分立的黑斑，易与沾边裙弄蝶区分。

分布于广东、海南、广西、福建、云南、四川地区。

沾边裙弄蝶
Tagiades litigiosa

前翅正反面黑褐色，中室内有两个分立的白点，易与黑边裙弄蝶区分。后翅正面的白色区域内第1室中域无黑斑，易与滚边裙弄蝶区分。

分布于广东、海南、广西、福建、云南、浙江、西藏地区。

毛脉弄蝶
Mooreana trichoneura

前翅黑褐色伴以微小的白色点斑或线段斑，后翅外缘和亚外缘区除前角附近外都呈均匀的橙黄色或黄色，该黄色沿翅脉向翅基扩散。极易识别的种类。

分布于广东、海南、广西、福建、云南、西藏地区。

花弄蝶
Pyrgus maculatus

个体较北方花弄蝶小，雌雄近乎同型，后翅正面白色斑点较北方花弄蝶的雌蝶为细。与锦葵花弄蝶区别在于：正面前翅中域斑较远离中室端斑，反面后翅基部白色，中域的白斑条较长较细。原本隶属于本种的华西亚种其实应该是个独立的种，分布于四川、云南北部及广西地区。

分布于东北、华北、华中、华东、西南地区。

白斑银弄蝶
Carterocephalus dieckmanni

正面黑色，斑点为白色，前翅中室端斑内侧有一中室亚基斑，中域斑各不相连，且与中室端斑也不相连，后翅白斑位于翅基和外缘的中点上。易于识别。

分布于东北、华北、西南地区。

紫带锷弄蝶
Aeromachus catocyanea

后翅反面有一条连贯的亮紫色中域带斑，极易识别。

一般在光照好的林区山路上易见。分布于四川、云南地区。

河伯锷弄蝶
Aeromachus inachus

后翅反面除白色斑点外，翅脉也呈淡色，形成网格状斑纹，易与其他锷弄蝶区分。仅不易与标锷弄蝶区分，但两者分布不同，本种不分布到广东、广西、海南、福建和云南一带。

分布于东北、华北、华中、华东、西南等部分地区。

浅色锷弄蝶
Aeromachus propinquus

翅色浅褐色，较其他锷弄蝶为浅，后翅反面的黑斑内多有白色瞳点。易于识别。

分布于四川、云南地区。

黄斑弄蝶
Ampittia dioscorides

小型弄蝶，雌雄异型，雄蝶正面黄斑发达呈块状，雌蝶黄斑退化呈点状。反面后翅底色黄色伴以黑斑，但各翅脉并不明显易见，易与钩形黄斑弄蝶区分。反面最为近似讴弄蝶，但中室端脉以外到翅外缘间有三批黑斑，而讴弄蝶仅有两批黑斑，易于区分。

分布于江苏、浙江、安徽、广东、海南、广西、福建、云南、台湾地区。

钩形黄斑弄蝶
Ampittia virgata

雌雄异型,雄正面前翅有明显的黑色性标,且黄色斑纹较大较多,雌蝶黄斑较少。反面后翅的翅脉黄色且容易辨认,据此易与其他弄蝶区分。

分布于华中、华南、华东、西南地区。

讴弄蝶
Onryza maga

黄色的弄蝶,近似黄斑弄蝶的种类,但反面后翅的中室端斑外仅有两批黑斑,易于区分。

林区路边光照好的地方易见。分布于浙江、湖北、福建、广东、海南、台湾地区。

华东酣弄蝶
Halpe dizangpusa

非常近似四川酣弄蝶（*Halpe nephele*），仅个体较小，外观特征除大小外几乎不能区分。四川酣弄蝶主要分布四川西部，但最近在浙江南部也有发现。因此两种分布是重叠的。

分布于华中、华东、西南、华南地区。

双子酣弄蝶
Halpe porus

前翅中室内有两个白点，后翅反面的中域白斑连成带状。有多个近似种，但其后翅反面中带宽度不均匀且其内的脉纹隐约可见，易于识别。

分布于广东、海南、广西、福建、云南地区。

滇藏飕弄蝶
Sovia separata

属名根据拉丁名音译而来，且该属弄蝶飞行迅速，故选飕为属名，种名根据其分布而来。本种近似四川飕弄蝶（*Sovia lucasii*），但反面底色较深，且分布不重叠。

丛林中光照好的地段容易见到，访花或停栖在路上，但发生期较短。分布于云南、西藏地区。

显脉须弄蝶
Scobura lyso

英国的Evans在发表时没有检验须弄蝶的模式标本，从而误将本种作为须弄蝶（*S. coniata*）的一个亚种，本种在国内图鉴中都被误鉴为须弄蝶。实际的须弄蝶非常稀少，且仅分布于广东和广西，正面后翅有3个白斑，反面黄色较多，中室内没有黑色斑。而显脉须弄蝶后翅反面黑色斑较多且中室内为黑色，因而黄色的脉纹非常显著。故中名拟为显脉须弄蝶。

分布于浙江、福建、广东、海南地区。

素弄蝶
Suastus gremius

后翅反面棕灰色，中室端有一黑斑点，中域也常有黑色斑点排成弧形。易于识别。

分布于广东、海南、广西、福建、云南、台湾地区。

旖弄蝶
Isoteinon lamprospilus

前翅中室端斑与2室内的中域斑连成一线，后翅反面以中室端斑为中心所有的白斑近乎练成一个环形，易于识别。

分布于南方各地及台湾地区。

曲纹袖弄蝶
Notocrypta curvifascia

与宽纹袖弄蝶近似，但反面前翅白带不抵达前翅前缘。与其他袖弄蝶区分在于：前翅3室到前缘一般都有微小的白斑，至少近前缘的斑不退化。

分布于南方各地及台湾地区。

宽纹袖弄蝶
Notocrypta feisthamelii

前翅反面的白带到达前缘。前翅的白带较直，不甚弯曲。

分布于重庆、四川、云南、广西、云南、西藏、台湾地区。

姜弄蝶
Udaspes folus

中型弄蝶，个体较大，正面后翅中域有一近圆形的大形白色斑区，后翅反面有一白斑从翅基贯穿中室直到亚外缘区。因此极易识别。

分布于南方各地及台湾地区。

玛弄蝶
Matapa aria

眼红色，易与其他属弄蝶区分。正面深棕色，反面赭褐色。除正面性标外，不易于同属内其他种区分，但分布上容易区分。

分布于浙江、江西、广东、海南、广西、福建、云南地区。

小弄蝶
Leptalina unicolor

正面全黑，反面后翅与前翅顶角附近底色为黄色其余黑色，后翅反面有一纵贯中室并抵达外缘的淡色细线，易于识别。

分布于东北、华北、华东、华中、西南地区。

白斑赭弄蝶
Ochlodes subhyalina

前翅正面中室端斑多为白色，清晰可见，2,3室内中域斑多为白色，且不重叠，反面后翅斑点较多。

分布于华北、华中、华东、西南地区。

雄性

雄性

黄赭弄蝶
Ochlodes crataeis

近似白斑赭弄蝶，但雄蝶正面中域斑总是很窄，两性后翅反面淡色斑仅有 3 个较为清晰。

分布于四川、河南、浙江地区。

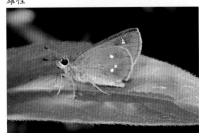

雌性

宽斑赭弄蝶
Ochlodes linga

前翅中域斑多为黄色，个体很大，后翅正面黄色斑极宽，几达中室。易于辨认。

分布于浙江、陕西、山西地区。

小赭弄蝶
Ochlodes similis

曾被当作淡斑赭弄蝶的亚种，但二者同地分布且生殖器及外观都有稳定的差异。由于 *O. similis* 个体较小，因此将中文名"小赭弄蝶"用于本种，而 *O. venata* 个体较大，更名为淡斑赭弄蝶。雄蝶正反面各翅上黄斑极为发达，且前翅前角附近的斑点较大，易与其他种区分。

分布于东北、华北、西北、华中、西南地区。

淡斑赭弄蝶
Ochlodes venata

与小赭弄蝶极近似且分布重叠，但个头较大，且后翅反面的黄斑较淡较不清晰。

分布于东北、华北、华东地区。

豹弄蝶
Thymelicus leoninus

　　正反面底色都为黄色，各翅脉黑色，易与其他属弄蝶区分。与黑豹弄蝶区分在于：雄蝶前翅正面有性标，雌蝶前翅正面第4室的黄色斑与第3室的黄色斑等长，从不比3室斑长。反面较难分辨。

　　分布于东北、华北、西北、西南地区。

黑豹弄蝶
Thymelicus sylvaticus

　　近似豹弄蝶，尤其反面无法区分。但雄蝶正面无性标，雌蝶正面前翅4室黄斑长于3室黄斑。

　　分布于东北、华北、西北、华中、华东地区。

孔子黄室弄蝶
Potanthus confucius

个体小，翅形较圆钝，黄斑较宽阔，后翅反面中域斑连贯，但黄室弄蝶属各种间差异不明显且种内个体变异幅度很大，因此几乎不能靠外观来准确地区分各种。但从分布上本种可与一些相似种区分。

分布于华中、华南、华东、西南等地区。

曲纹黄室弄蝶
Potanthus flavus

分布较广，在北方仅此种发生，因此不难识别，但在南方则无法靠外观鉴定。需解剖标本才能准确鉴定。

分布于东北、华北、华中、华南、华东、西南地区。

严氏黄室弄蝶
Potanthus yani

后翅反面中域斑连贯，但符合此特征的黄室弄蝶种类较多，几乎无法从外观分辨。准确的鉴定只有捕捉到标本进行解剖才行。

分布于浙江、安徽、福建地区。

华中刺胫弄蝶
Baoris leechii

雄蝶前翅反面1脉上有黑色性标，后翅正面中室附近有黑色毛簇。与刺胫弄蝶极近似，但后翅反面底色为棕黄色，而非深棕色，且分布上不重叠，本种分布以华中区为主，而刺胫弄蝶以华南区为主。

分布于华中、华东、西南等地。

放踵珂弄蝶
Caltoris cahira

后翅反面深棕色,易与同地分布之华中刺胫弄蝶区分。后翅正反面无斑,易与其他弄蝶区分。

分布于南方各地及台湾地区。

直纹稻弄蝶
Parnara guttata

前翅中室内上半区的白斑总是存在,反面后翅4个中域白斑排成一列且形状较为方形。易与其他稻弄蝶区分。触角新对前翅前缘很短,易与其他属弄蝶区分。

分布于全国各地(除新疆及高海拔地区外)。

曲纹稻弄蝶
Parnara ganga

后翅反面中域白斑较小，不排成严格直线，经常有白斑消失，有的个体极难与么纹稻弄蝶区分。根据编者的研究，华中区很多被误认为么纹稻弄蝶的个体其实都是曲纹稻弄蝶。么纹稻弄蝶有可能在国内只分布于华南区和台湾。

分布于华中、西北、西南、华东、华南等地区。

么纹稻弄蝶
Parnara bada

个体小，后翅反面的白斑退化不全，某些个体很难和曲纹稻弄蝶区分，需要解剖来确定身份。

分布于广东、海南、广西、福建、云南、台湾地区。

多纹稻弄蝶
Parnara apostata

为近年才记录的
种。近似曲纹稻弄蝶，
但后翅反面除4个常见
白斑外，其上尚有一多
余的白斑点，中室端附
近也有一多余的白色
斑点。

分布于海南、云南
地区。

印度谷弄蝶
Pelopidas assamensis

个体很大，前翅
中室端部两个白斑相
连或近乎愈合，中域
斑白色且较大，后翅
正面仅有一个白斑。
与古铜谷弄蝶最近
似，但后翅正面有一
个白斑。

分布于福建、广
东、海南、广西、云
南地区。

山地谷弄蝶
Pelopidas jansonis

本种的特点是后翅反面从前缘数第2个白斑非常大,易与其他弄蝶区分。

分布于东北、华北地区。

中华谷弄蝶
Pelopidas sinensis

雄蝶正面前翅1b室内有黑色线状性标,雌蝶则代以白色斜斑。反面后翅中室内有一白斑,中域白斑列明显,但不及山地谷弄蝶为大。

分布于华北、华中、华南、西南、华东地区。

黑标孔弄蝶
Polytremis mencia

　　雄蝶前翅1b室内有性标，颇近似某些谷弄蝶，但后翅中室内无白斑。后翅反面底色较黄且白斑列较小，雌蝶的后翅白斑列常消失，易与其他孔弄蝶区分。某些雌蝶颇近似华中刺胫弄蝶，但前翅圆钝，容易区分。

　　分布于浙江、福建、江苏、江西地区。

刺纹孔弄蝶
Polytremis zina

　　本种特点是前翅中室内两个白斑相互错开明显，且较低的一个白斑十分斜长，后翅中域斑列较大。

　　分布于华中、华东、西南地区。

松井孔弄蝶
Polytremis matsuii

翅面斑纹与刺纹孔弄蝶近乎一致，但雄蝶正面1b室内有性标，反面后翅的底色较深。本种为日本学者近年发表的新种，原发现于四川西部，现于广东北部也有发现。

分布于四川、广东地区。

黄纹孔弄蝶
Polytremis lubricans

本种特点是前翅2室斑较为横长，后翅斑个体较小。与透纹孔弄蝶颇近似，但区别在于反面底色更棕，不是那么绿，前翅第2室斑更长，后翅反面偶尔出现第5个斑点。

分布于浙江、福建、江西、湖南、贵州、台湾、广东、广西、海南、云南、西藏地区。

中国鸟类生态大图鉴

郭冬生　张正旺　主编

定　价：398.00元

重庆大学出版社2015年9月出版

　　收录1069种鸟类的大型鸟类生态图鉴，图片高清唯美生态，由中国著名鸟类学专家组系统分类编成。每张图旁都辅以详细、精炼的文字说明，包括每个物种的外观形态、识别特征、生存环境、生活习性以及分布地区等，使每位读者根据图片和文字更加深刻地认识和掌握每个物种。

《中国昆虫生态大图鉴》后，重庆大学出版社再推惊艳大作

见证生命的繁华和尊贵

好奇心书系
·野外识别手册·

野外识别手册丛书

好 奇 心 书 系

YEWAI SHIBIE SHOUCE CONGSHU

百名生物学家以十余年之功，倾力打造出的野外观察实战工具书，帮助你简明、高效地识别大自然中的各类常见物种。问世以来在各种平台霸榜，已成为自然爱好者所依赖的经典系列口袋书。

好奇心书书系·野外识别手册丛书

常见昆虫野外识别手册
常见鸟类野外识别手册（第2版）
常见植物野外识别手册
常见蝴蝶野外识别手册（第2版）
常见蘑菇野外识别手册
常见蜘蛛野外识别手册（第2版）
常见南方野花野外识别手册
常见天牛野外识别手册
常见蜗牛野外识别手册

常见海滨动物野外识别手册
常见爬行动物野外识别手册
常见蜻蜓野外识别手册
常见螽斯蟋蟀野外识别手册
常见两栖动物野外识别手册
常见椿象野外识别手册
常见海贝野外识别手册
常见螳螂野外识别手册